航空发动机数智化科普系列丛书

图解航空发动机数字试验

肖　洪　林志富　于艾洋　肖达盛　唐　轲　著

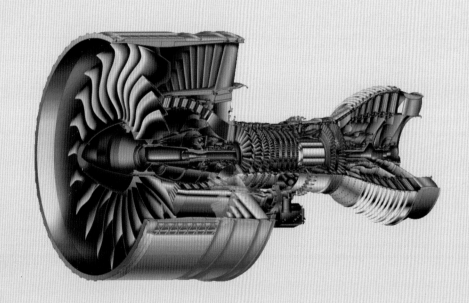

西北工业大学出版社

西　安

【内容简介】 本书为西北工业大学航空发动机总体与控制数智技术工业和信息化部重点实验室在航空发动机数字化试验领域研究进展的科普性介绍，试图以简明的语言和形象的图例介绍航空发动机数字化试验的基本概念、关键技术和工程案例，以及数字化试验系统的最新研究成果。本书重点介绍了航空发动机部件数字化试验、航空发动机整机数字化试验、航空发动机振动数字化试验等工程案例，并对数字孪生模型与数字化试验模型的关联、数字化试验的流程与参数选取、数字化试验模型的时空解耦等关键技术进行了详细阐述。

本书可作为高等院校高年级本科生和研究生的科普性读物，也可作为工程技术人员了解数字化试验的科普性用书。

图书在版编目（CIP）数据

图解航空发动机数字试验/肖洪等著. —西安：
西北工业大学出版社，2023.12
（航空发动机数智化科普系列丛书）
ISBN 978-7-5612-9124-5

Ⅰ.①图… Ⅱ.①肖… Ⅲ.①航空发动机–试验
Ⅳ.①V23-33

中国国家版本馆CIP数据核字（2023）第231764号

TUJIE HANGKONG FADONGJI SHUZI SHIYAN

图 解 航 空 发 动 机 数 字 试 验

肖洪　林志富　于艾洋　肖达盛　唐轲　著

责任编辑：朱辰浩		策划编辑：何格夫	
责任校对：孙　倩		装帧设计：李　飞	
出版发行：西北工业大学出版社			
通信地址：西安市友谊西路 127 号		邮编：710072	
电　　话：(029) 88491757，88493844			
网　　址：www.nwpup.com			
印 刷 者：西安浩轩印务有限公司			
开　　本：889 mm×1 194 mm		1/16	
印　　张：5			
字　　数：114 千字			
版　　次：2023 年 12 月第 1 版		2023 年 12 月第 1 次印刷	
书　　号：ISBN 978-7-5612-9124-5			
定　　价：98.00 元			

如有印装问题请与出版社联系调换

航空发动机数智化科普系列丛书共分为六册，《图解航空发动机数字试验》是该系列丛书的第二册。航空发动机结构复杂、零件众多、工作环境恶劣，常常处于高温、高压和高转速的工作状态，任何一个零件出现问题，都可能导致航空发动机停车或破坏，引发灾难性后果。因此，航空发动机正式投入使用前，必须通过各种试验对其性能、功能、强度以及可靠性有充分的认识和了解。航空发动机的研制和发展是一项涉及众多学科的系统工程，到目前为止仍然不能够从理论上给予详尽而准确的描述，只有依靠试验来获得。一型航空发动机在正式定型之前，要经历大大小小、从地面到空中各种种类繁多的试验，试验累计时间长达几万小时，试验周期长达几年乃至10年之久。航空发动机试验是一个漫长的过程，过程中如出现问题还要不断排故改善。航空发动机的发展史就是一个设计、制造、试验、修改、再制造、再试验……不断摸索和反复完善的过程。新型航空发动机研制强调走一步试验一步，从部件到整机要通过设计—试制—试验的几个循环才能达到实用阶段，甚至投入使用后仍在试验，以使设计的薄弱环节充分暴露，并予以改进。在美、英、俄三国发动机的研制中，用于地面试验和飞行试验的发动机最少需要51台，多则114台才能最后定型。发动机地面试验要上万小时，最高达16 000 h以上，飞行试验需5 000 h以上。

航空发动机试验耗费了大量的人力、物力、财力。随着数字化、智能化技术的发展和应用，工程技术人员的朴素想法就是如何通过数字化、智能化技术降低试验费用并缩短研发周期。一个自然而然的新想法就是航空发动机一部分常规课目试验能否转移至数字空间进行。如果能成功开展数字化试验，则可大幅度降低航空发动机研制过程中的人力、物力和财力消耗，大幅度缩短研发周期。航空发动机数字化试验的优势在于它可以在数字环境中进行，避免了实际试验中的成本和风险。同时，数字化试验还可以快速进行多次重复试验，探索不同的方案和策略，以找到最佳的设计方案。此外，数字化试验还可以提供详细的数据和可视化结果，帮助工程技术人员更好地理解整机性能。

本书将以图片解说的形式分别给出航空发动机数字化试验的典型应用案例，并概述其关键技术及其技术攻关途径。本书的初衷是以简明扼要的形式给出航空发动机数字化试验的基本概念，其目的在于抛砖引玉，希望引起对航空发动机数字化试验理念的百家争鸣。

本书的撰写分工如下：肖洪负责各类技术方案和全书文字撰写，林志富负责数字化试验流程设计方案的校核，于艾洋负责部件和整机数字化试验的校核，肖达盛负责数字孪生模型的构建与应用，唐轲负责整机振动数字化试验的校核。

在本书的撰写过程中，笔者得到了中国航发动力股份有限公司、中国航发四川燃气涡轮研究院、中国航发沈阳发动机研究所、中国航发湖南动力机械研究所等多家单位的指导和帮助，在此表示诚挚的谢意。

笔者深信书中的很多观点也仅仅是一家之言，难免会出现不妥之处甚至理解的重大偏差，恳请广大读者批评指正。

肖　洪

2023年10月于西北工业大学

目录

——

4 航空发动机振动数字化试验 039

5 时空解耦数字孪生模型 053

附录

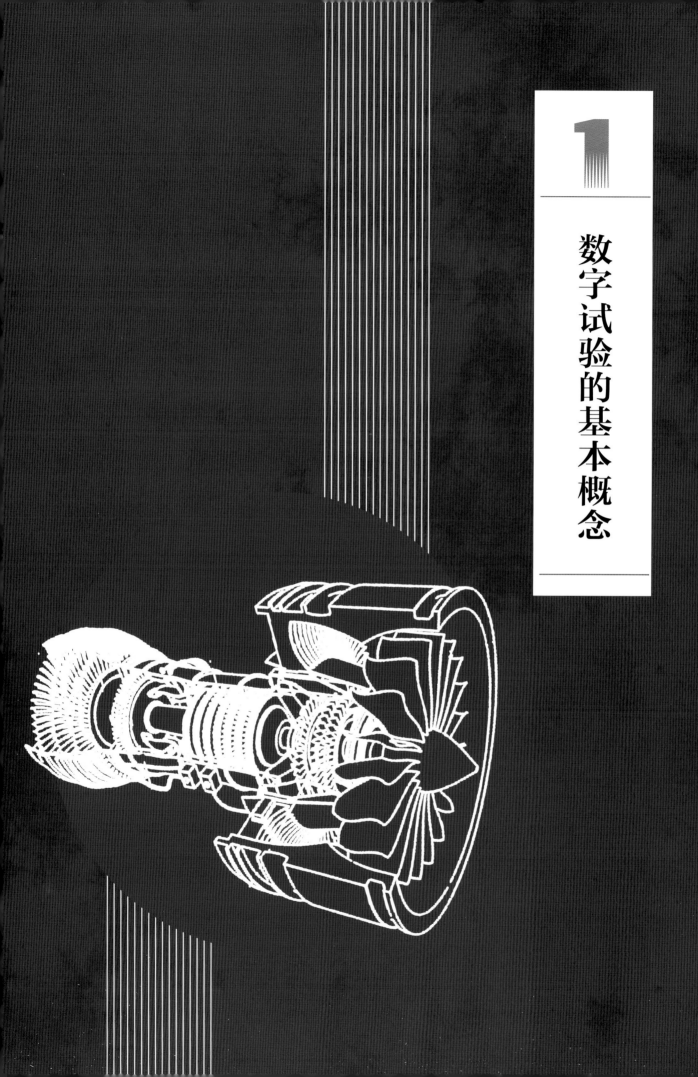

1

数字试验的基本概念

1.1 数字试验的功效

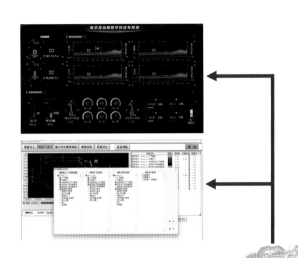

一型航空发动机在正式定型之前，要经历大大小小、从地面到空中各种种类繁多的试验，试验累计时间长达上万小时，试验周期长达几年甚至10年之久[1]。

如果能将一部分常规课目试验转移至数字空间进行，开展数字试验，则可大幅度降低航空发动机研制过程中的人力、物力和财力消耗，大幅度缩短研发周期。更为吸引人们注意力的是，随着智能化技术的发展，破坏性试验可先期在数字化空间进行，进一步降低费用并缩短周期[2-3]（见图1-1）。

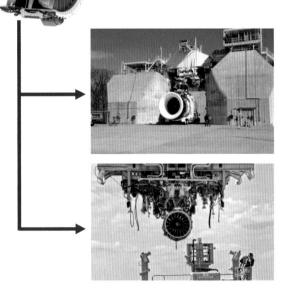

图1-1　航空发动机数字化试验功效

1.2 数字试验的分类

航空发动机数字化试验按照产品阶段划分又可分为7个阶段（见图1-2）。对于新的设计方案，在完全没有试验数据的情况下，需要建立数字孪生大模型。例如，根据历史上遄达900、RB211、珍珠15、CFM56系列发动机的设计、加工、试验、运行和维护数据建立数字孪生大模型，输入珍珠10X发动机设计数据开展数字化试验，提前预判设计方案的可行性。此类数字化试验凸显了数字工程的优势，即"明天告诉我85%的方案比5年后告诉我100%的方案更为重要"。在设计阶段通过历史经验数据尽可能提前发现设计缺陷是该阶段进行数字化试验的目标[4]。甚至有乐观人士估计，随着数据的增加和大模型的不断完善，人工智能有可能会帮助我们设计航空发动机。笔者认为，完全依靠人工智能设计航空发动机的想法过于乐观，但是人工智能帮助我们改善设计是有可能的，甚至在零件的自主设计上是有可能提前实现的。

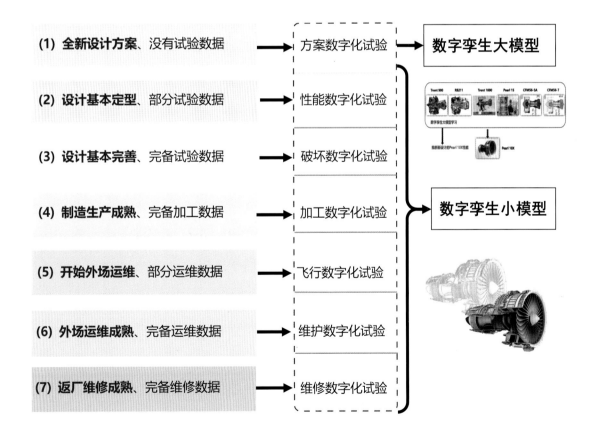

图1-2　航空发动机数字化试验按照产品阶段分类

航空发动机高空台试验是在地面检验航空发动机飞行性能，将发动机安装在高空试验舱里，使其处于飞行中所承受的压力和温度条件下，测取发动机性能参数，评定发动机在实际飞行条件下的功能、性能及其工作极限。简而言之，就是在地面人工"制造"高空飞行条件，使安装在地面上的发动机如同在高空一样[5-6]。高空台模拟试验希望能够模拟现代发动机整个飞行包线，甚至超出飞行包线的高空飞行状态，进行广泛的试验研究，即尽可能遍历所有工作点状态，以确保安全运行。基于此目的，航空发动机的研制过程需要建立包括不同类型的高空台和大量的高空试验舱，耗费了巨大的人力、物力和财力。数字化试验希望通过智能化技术，在满足工程需求的前提下，在尽可能多的状态点开展数字化试验，以降低费用，缩短研发周期[4,7-9]。其主要步骤如图1-3所示。

（1）开展有限个状态点的高空台试验；

（2）以50%高空试验数据为基础建立数字孪生模型；

（3）以未参与训练的50%高空试验数据验证数字孪生模型精度；

（4）重复第（2）步直至数字孪生模型精度满足工程需求；

（5）输入环境参数、状态参数至数字孪生模型，开展数字化试验；

（6）输入环境、状态传感器所测得的误差，开展数字化试验的置信度试验；

（7）分析数字化试验结果。

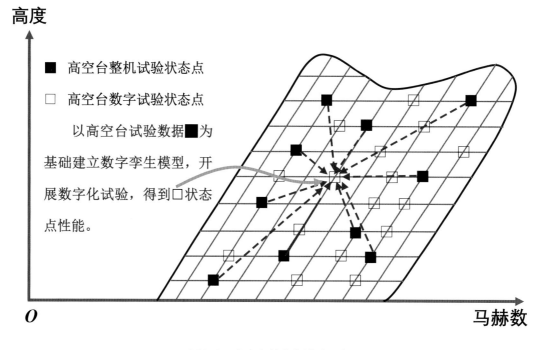

图1-3　高空台数字化试验示意图

1.3 数字化试验与数字孪生模型

通过1.2节对数字化试验的了解，我们可知除全新设计方案的试验验证需要数字孪生大模型外，其他数字孪生小模型就可满足要求。数字孪生大模型在本系列科普图书的分册中有专门讲述，因此本册只讲述数字孪生小模型在数字化试验领域中的应用。

完整的数字孪生小模型的数据维度包括部件的学科维度、时间维度和组件维度，如图1-4所示。

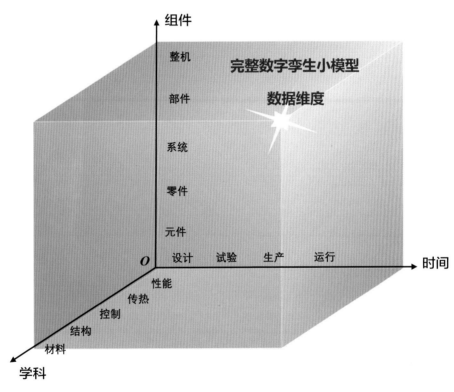

图1-4　航空发动机数字孪生小模型数据维度

（1）学科维度包括性能、传热、控制、结构和材料；

（2）时间维度包括设计、试验、生产、运行和维护；

（3）组件维度包括元件、零件、系统、部件和整机。

可以看出，数字孪生小模型的数据信息量大，导致时效性不强。例如，我们不希望在输入环境参数、控制任务参数5 h后数字化试验系统才给我们一个状态点的试验结果。我们最希望的是输入环境参数、控制任务参数后数字化试验系统在"毫秒"量级就可以给出一个状态点的试验结果，其时效性和高空台试验相当。从数字化试验对时效性的要求可以看出，包含全部数据维度的完整数字孪生模型并不适用于数字化试验，特别是在线数字化试验。因此必须开辟新的思路，使得数字孪生模型同时满足数字化试验的时效性和精度。

我们仍旧以高空台整机试验为例，在高空台试验中通过安装在发动机本体上的大量传感器测试发动机运行过程中的参数变化，进而全面认识发动机的高空性能。在高空台试验中，虽然布置了大量的传感器，但是毕竟数量有限，因此我们没有关心具体的流场细节，也没有关心具体叶片内部应力分布。也就是在数据的维度上，我们测试的是具体部位的关键参数（如温度、压力等），没有也无法了解内部更为详细的细节。但是即使这样，我们仍旧能够通过这些关键参数，了解发动机的性能演化规律。为建立以整机数字化试验为应用目标的数字孪生小模型，我们向物理试验学习。这里仍旧以高空台试验为例，我们测试的是部件和系统级的关键参数等，没有深入零件和元件级的关键参数，因此在图1-4中数字孪生的建模组件维度可以暂时延伸至系统级；我们测试的是关键部位的压力、温度、振动参数，因此在数字孪生的建模学科维度上只包含性能、传热和控制，如图1-5所示。同理，根据试车类型不同，我们可以选择时间维度的数据范围。例如：科研试车可以包含设计、研制数据；维修试车可以包含设计、试验、生产、运行和维护全流程数据，也可以只包含运行和维护数据。基于同样的道理，图1-5所示的高空台数字化试验模型可以降维至图1-6所示的网状结构，即只关心具体维度上的具体参数。经过上述连续两次数据维度变换，一方面保证了数字孪生模型和高空台试验测试处于同一数据维度，即保证了精度，另一方面保证了时效性。当然数据维度的变换也需要考虑实际需要，在适当的时候也可以扩展维度，即数字化试验既要解决物理试验本身的问题，也可解决物理试验本身不能解决的问题。

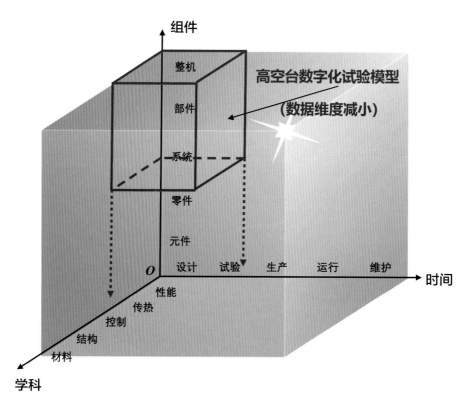

图1-5　航空发动机高空台数字化试验数字孪生小模型的数据维度减小

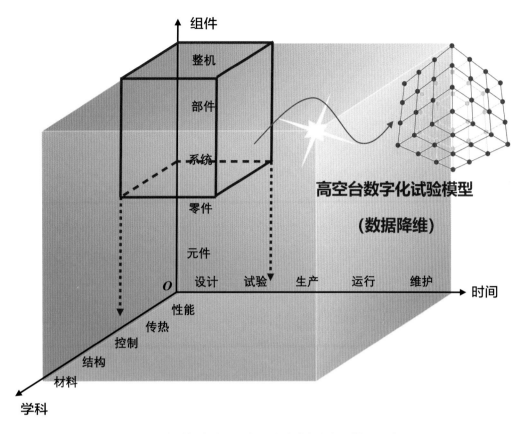

图1-6　航空发动机高空台数字化试验数字孪生小模型的数据降维

1.4 数字化试验的步骤

一般来说，航空发动机数字化试验步骤包括如下几步。

第一步：确定试验目标和需求。在进行数字化试验之前，首先明确试验的目标和需求，包括试验参数和试验条件等。试验目标不再是诸如"研究航空发动机的地面性能"的笼统话语，而是具体研究哪些参数和哪些参数之间的关系。例如，通过数字化试验研究试验环境参数、控制参数与发动机性能参数之间的关系。这些环境参数和控制参数可以是物理试验能够测试的，也可以是不能测试但是能从物理测试参数中通过数学关系或者数学模型得到的。例如，每个时刻的环境温度可以测试，而环境温度的变化率不方便测试，但是环境温度变化率可以从环境温度参数中通过数学关系式得到。从这个角度上讲，数字化试验可以扩展物理试验的研究能力。本步明确具体参数的目的是为后续数字孪生模型的训练做准备，如图1-7所示。

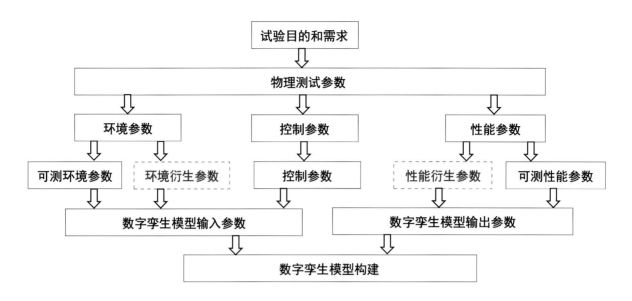

图1-7 确定数字化试验目的需求与数字孪生模型构建之间的关联

第二步：数字化试验环境和对应数字模型的建立。数字化试验的目的是部分代替物理试验，因此具体的试验环境参数我们是不能精确知道的。例如，现在是2023年9月22日，我们设想在2024年9月22日开展试验。现在我们想用数字化试验代替2024年9月22日的整机试验，但是可惜的是，当天的试验环境参数和变换规律我们是无法精确得到的。因此，数字化试验环境和对应数字模型建立的目的，是根据以往历史环境数据快速从类似的环境数据中"拟合"出2024年9月22日的环境数据，如外界大气压力、温度随时刻变换情况。当然这类拟合有时被称为"数字环境模型"，其可以是数学拟合也可以是用网络的数字拟合。数字环境模型构建训练完毕后，输入数字环境的提示信息或者关键数据即可快速模拟出对应的试验环境数据，如图1-8所示。

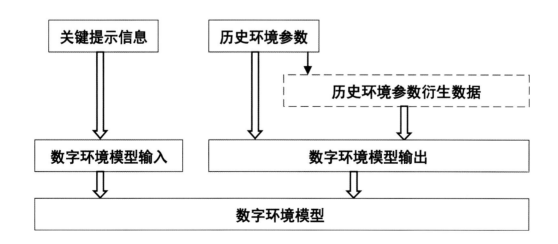

图1-8 数字化试验环境模型的构建

第三步：控制数字模型的建立。控制数字模型在数字化试验中所起的作用和数字环境模型类似。输入控制任务，快速从控制数字模型中模拟出控制参数（如高低压转速、导叶角度、喷管喉道面积等）随时间的序列变化关系，如图1-9所示。

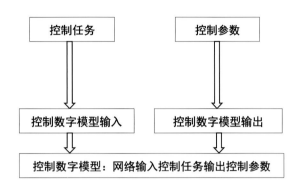

图1-9　控制数字模型的构建

第四步：建立数字孪生模型。数字孪生模型根据历史数据训练环境参数、控制参数和性能参数的映射，可以采取数据驱动、模型驱动和架构驱动[10]。

第五步：建立试验误差数字模型。以第四步建立的数字孪生模型为基础，输入环境参数物理传感器和控制任务参数传感器的测量置信区间，训练试验误差数字模型。

第六步：建立数字化试验系统。数字孪生模型和试验误差数字模型嵌入服务器系统，测试响应时间。确保响应时间满足试验需求，即响应时间小于物理试验参数扫描阀扫描时间间隔。

第七步：开展数字化试验。根据试验任务，设计试验环境和控制任务，输入数字环境模型和控制数字模型，生成环境参数、环境衍生参数、控制参数和控制衍生参数。上述参数输入数字化试验系统，输出试验参数和对应的置信区间，如图1-10所示。

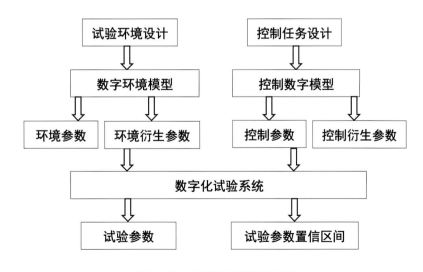

图1-10　控制数字模型的构建

第八步：试验和数据分析。对试验数据进行分析和处理，以获得试验结果和结论。

第九步：结果评估和优化。根据试验结果和分析，可以对试验方案和系统进行评估和优化。这可以包括调整试验参数、改进模型或优化试验流程等。

第十步：结果验证。在数字化试验完成后，需要对试验结果进行验证。可以通过与实际物理试验结果进行对比，或者与已知的理论模型进行比较来实现。验证的目的是确保数字化试验的准确性和可靠性。

第十一步：结果应用。根据试验结果和结论，开展工程应用。

第十二步：经验总结和知识积累。数字化试验是一个不断积累经验和知识的过程。在每次试验完成后，需要对试验过程和结果进行总结和分析，以提取经验教训和积累知识。这有助于改进数字化试验方法和技术，提高试验效率和质量。

综上，数字化试验的步骤包括确定试验目标和需求、数据采集和准备、建立数字模型、进行试验和数据分析、结果评估和优化、结果验证、结果应用，以及经验总结和知识积累。这些步骤相互关联，需要综合考虑和实施，以实现数字化试验的目标和要求。

1.5 总结

开展航空发动机数字化试验技术研究，形成高置信数字化试验系统，通过数字化试验突破原有的边界、时间和测点，获取更多维度的试验数据，为设计、制造和维护提供全面反馈支撑是数字化试验扩展物理试验的优势。数字化试验使得对大量不同设计方案的试验验证成为可能。在物理试验中由于经济成本的约束，要验证所有的设计方案难度极大，这一点对于低技术成熟度和高创新度的设计来说尤为重要，因为很难用经验去判断哪个方案更合理，而数字试验使得在设计过程中获得真正的"最优解"方案成为可能。因此，数字化试验技术是航空发动机数字化转型的一个极为重要的环节[11]。

数字孪生模型是数字化试验的基础，但是以数字化试验为应用目标的数字孪生模型又有很大的不同之处，其同时强调精度和时效性。通过本章对物理试验（此处以高空台试验为例）的分析发现，此类建模不像想象中那么困难，以应用背景为目标，通过数据维度的变换快速建立数字孪生模型完全可以满足数字化试验的需求。

在本册的后续章节，我们以零件和整机试验为例，分别给出数字化试验的详细案例，仅供读者参考。其中，第一个案例为叶片腐蚀试验案例，给出单个零件特殊试验的数字化试验全流程，虽然工程性、实用性不强，但作为科普案例是较为合适的。如果读者对该案例代码感兴趣，可以联系笔者索取。本书展示的其他案例均为已经工程应用的案例。

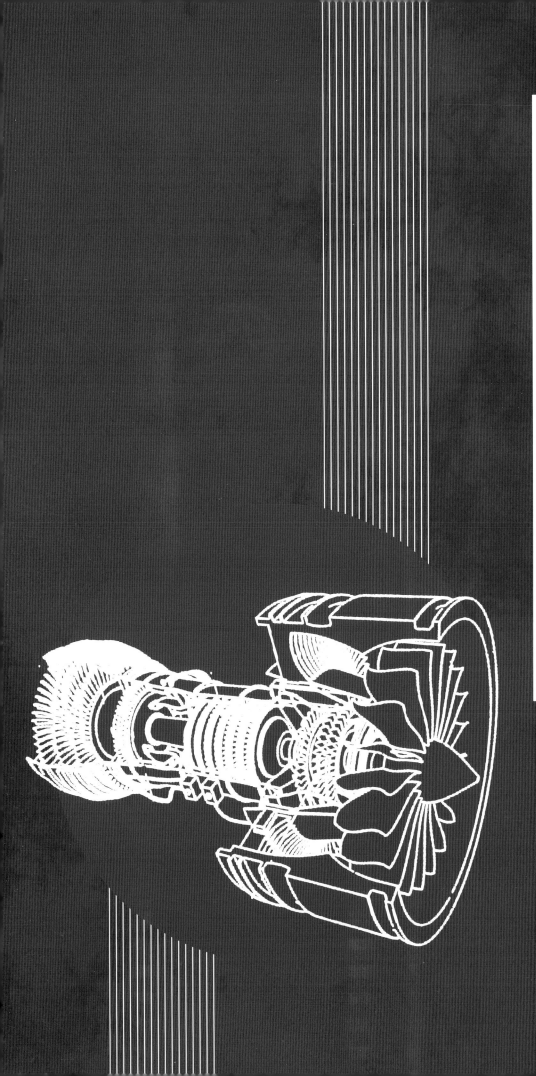

叶片盐雾腐蚀数字化试验

2.1 数字化试验背景

　　针对长期在温湿多雨的环境下运行的航空发动机，高湿度、高盐度的空气使得长期在海洋环境下的航空发动机内部流道极易发生腐蚀现象，而压气机往往腐蚀最为严重。压气机叶片在高压、高速和盐雾的气流冲刷下发生磨损腐蚀，引起表面粗糙度增大，导致附面层厚度增加，实际流道缩小；同时叶型也在腐蚀过程中逐渐被改变，如图2-1所示；腐蚀还会进一步使得叶顶间隙增大，间隙处倒流和潜流损失加剧，导致流量、压比及效率等发生变化，如图2-2所示。由盐雾腐蚀造成的航空发动机故障多次发生，数据表明，由于压气机腐蚀造成的性能衰退占发动机性能衰退总量的70%~85%[12]，因此通过设计、制造及维护保证其腐蚀防护与控制十分重要。

图2-1　压气机叶片受盐雾腐蚀导致的损坏和故障

　　航空发动机整机抗腐蚀性试验是性能试验的重要环节，包括腐蚀试验和腐蚀敏感性试验。腐蚀试验是检测金属或其他材料因与环境发生相互作用而引起的化学或机械与化学损伤过程的材料试验，其是掌握材料与环境所构成的腐蚀体系的特性，了解腐蚀机制，从而对腐蚀过程进行控制的重要手段。腐蚀敏感性试验系统主要用于模拟航空发动机在工作和储存状态下的盐雾环境，同时可根据发动机的运行状态提供温度、湿度、盐雾浓度等复合环境[13-14]。

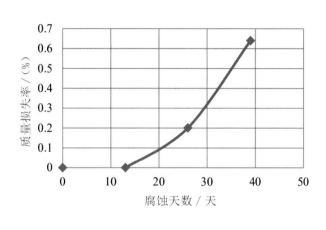

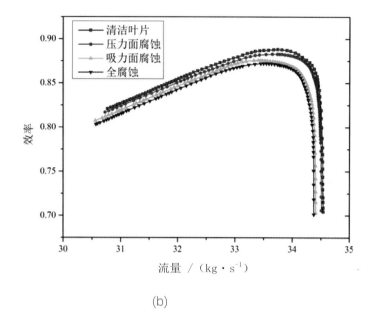

图2-2　航空发动机叶片盐雾腐蚀试验典型曲线

（a）腐蚀试验；　(b)效率曲线

　　本演示案例采用的试验数据均来源于王国辉的试验结果[14]，其先以X5CrNiCuNb材料为例进行腐蚀试验，以金相组织观察，物相表征观察，统计腐蚀坑的数量、形状、面积、分布及深度和质量损失测试为测试项目，总结得出了试样腐蚀程度随腐蚀时间的变化关系。随后又以NASA Stage67为研究对象，做了数值模拟试验研究表，见表2-1。

　　（1）不同转速下无腐蚀压缩系统工作时的特性曲线。

　　（2）设定腐蚀后的粗糙度为0.04 mm，分别按动叶腐蚀、静叶腐蚀和整级叶片腐蚀的顺序得到了不同转速下的特性曲线。

　　（3）设定腐蚀后的粗糙度为0.02 mm，分别按压力面腐蚀、吸力面腐蚀及双面腐蚀的顺序得到了满转速条件下的特性曲线。

　　（4）设定腐蚀后的粗糙度为0.04 mm，以机匣腐蚀为研究目标，得出不同转速下的特性曲线。

　　（5）设置腐蚀后的粗糙度分别为0、0.02 mm、0.04 mm及0.06 mm，以压气机整体为研究目标，得出满转速条件下的特性曲线。

　　（6）设定腐蚀集中于叶顶间隙处，取腐蚀前的叶顶间隙为0.51 mm，腐蚀后的叶顶间隙分别为0.67 mm、1.03 mm和2.17 mm，得出不同转速下的特性曲线。

表2-1 数值模拟试验研究表

相对转速/（%）	流量/（kg·s⁻¹）	吸力面粗糙度/mm	压力面粗糙度/mm	叶顶间隙/mm	效 率
100	30.769 3	0	0	0.51	0.843 93
100	31.984 4	0	0.02	0.51	0.850 19
100	31.275 2	0.02	0	0.51	0.826 82
100	32.574 6	0.02	0.02	0.51	0.858 25
90	28.204 6	0	0	0.51	0.858 16
90	28.140 2	0	0	0.67	0.854 03
90	29.862 1	0	0	1.03	0.885 21
90	27.995 4	0	0	2.17	0.843 89
80	26.790 6	0	0	0.51	0.890 47
70	23.788 1	0	0	1.03	0.884 61

2.2 数据分析

　　本案例以2.1节原始数据为基础，建立数字孪生模型，开展盐雾腐蚀对压气机（单级叶片）效率影响的数字化试验，目的在于通过单个零件试验检验技术可行性，虽然工程应用性不强，但为后续部件和整机试验提供了技术路径参考。

　　与压气机效率参数相关的试验数据较多，而且不同的数据量纲不同，不可避免地会出现数据缺损、包含噪声等问题。为了保证后续数字孪生网络能够健康训练，需要对原始数据特征进行分析，以便后续的预处理。首先，我们可以做箱线图对上述统计特征进行可视化描述，如图2-3所示。可以看到流量、效率的分布较为均匀，其余变量的分布过于离散且存在局部堆积问题，这在一定程度上会造成数字孪生模型的不连续性。

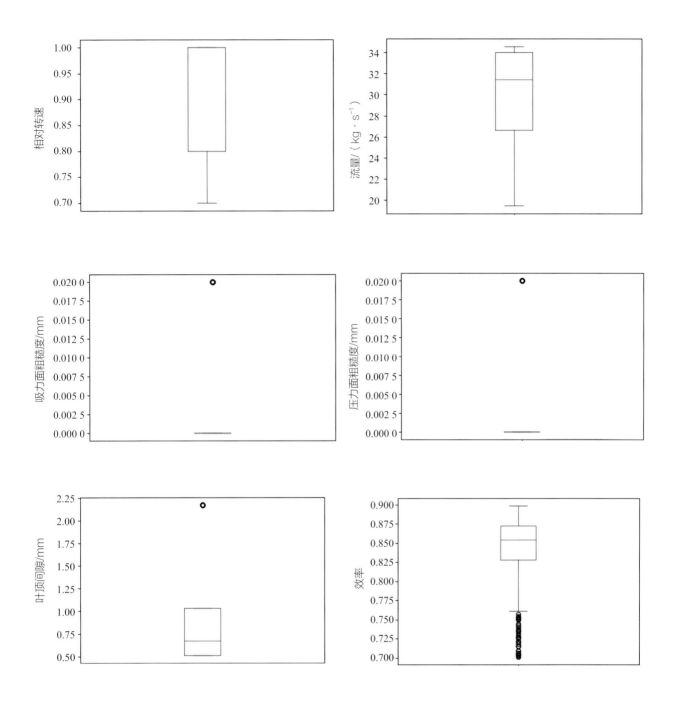

图2-3 叶片腐蚀数据箱线图

上述是在分析单个输入属性的统计特征，在回归问题中还需要考虑数据之间的相关性属性。进行训练的数据应尽可能保持较高的独立性，这在一些机器学习算法（如朴素贝叶斯）中具有较大意义[15]。使用Pandas库的corr函数可得到输入数据之间的相关性系数，使用seaborn可视化库的heatmap函数可得到相关性系数的可视化热力图，具体如表2-2和图2-4所示。

表2-2　相关性系数分布表

	转速	流量	吸力面粗糙度	压力面粗糙度	叶顶间隙	效率
转速	1	0.90	0.37	0.37	−0.28	0.29
流量	0.90	1	0.31	0.34	−0.28	−0.20
吸力面粗糙度	0.37	0.31	1	0.36	−0.34	0.11
压力面粗糙度	0.37	0.34	0.36	1	−0.34	0.11
叶顶间隙	−0.28	−0.28	−0.34	−0.34	1	0.02
效率	−0.29	−0.20	−0.11	−0.11	−0.02	1

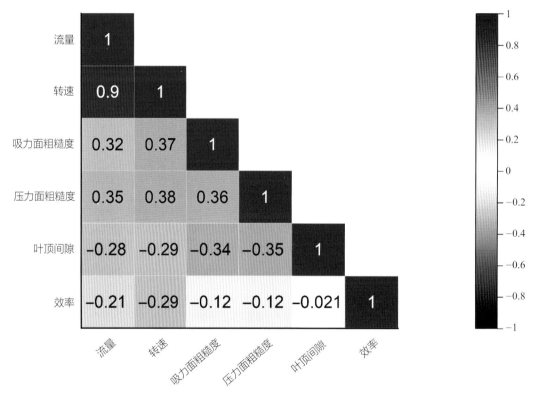

图2-4　相关性系数热力图

　　由表2-2和图2-4可以发现，除了叶顶间隙的相关性系数特别低之外，其他输入特征都与效率有一定的相关性。但考虑叶顶间隙这个输入特征代表压气机的腐蚀程度，因此保留该特征。

　　通过对试验数据集的分析可知数据集样本中有多个输入变量，每个变量的取值范围不同且相差较大，并且具有不同的量纲。如果直接用原始数据进行分析，就会突出数值较高的特征对预测值的影响，相对削弱数值较低的特征对预测值的影响。同时，各特征不同的取值范围将增加模型的计算复杂度，造成模型收敛较慢或者无法收敛到最优解。基于此，我们需要对数据进行标准化处理。数据的标准化是指将原始数据按照比例缩放使其大小固定在某个区间内，从而消除量纲对数据的影响，将原始数据变成无量纲数值用于后续性能预测模型的构建。常用的数据标准化方法包括Min-Max标准化方法、Z-score方法等。

2.3 数字孪生模型的建立

2.3.1 基于双向长短期记忆网络算法（Bi-directional Long-Short Term Memory, BiLSTM）的数字孪生模型设计

本节使用序列建模算法——长短期记忆网络算法（Long-Short Term Memory，LSTM）获取输入特征数据与压缩系统效率性能参数之间的映射关系，构建压缩系统性能数字孪生模型。模型构建利用BiLSTM构建输入特征数据与压缩系统效率性能参数的映射关系，完成压缩系统的数字孪生模型建立。基于BiLSTM的模型的结构示意图如图2-5所示。

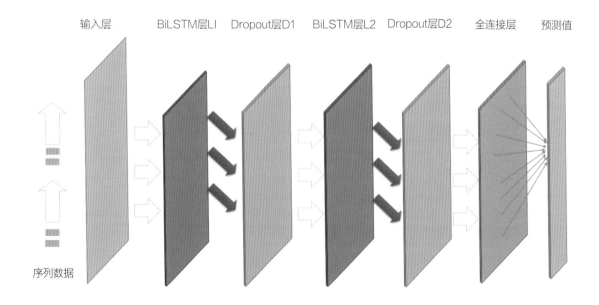

图2-5　基于BiLSTM的数字孪生模型

在基于BiLSTM的压缩系统数字孪生模型中，标准化后的单个样本数据形状是长度为5的向量，分别为转速、流量、吸力面粗糙度、压力面粗糙度、叶顶间隙，将一维向量转换成形状为

（5,1）的矩阵，训练数据成为能够输入LSTM网络中处理的序列数据。将预处理后的训练数据进行序列建模，首先输入BiLSTM层L1进行特征放缩，L1的输出经过Dropout层D1来降低过拟合，D1的输出作为BiLSTM层L2的输入，在L2中进行特征学习，然后将L2输出的结果送入Dropout层D2中进一步降低过拟合，最后D2输出的结果经过全连接层，便能得到与输入数据样本对应的压缩系统效率值。本模型主要考虑以下几个方面。

（1）端到端结构：保证模型为端到端结构，能够由输入数据得到效率值，该过程不需要人工进行特征提取，完全由模型训练获得输入数据与效率值之间的映射关系。

（2）BiLSTM结构：考虑到处理后的序列数据本身没有时间上的序列关系，输入数据的不同排列方式可能会影响模型训练的最终结果，采取用BiLSTM网络结构来消除这种影响，即当前时间步的输出需要综合考虑过去状态和将来状态的信息。

（3）BiLSTM层数：在模型参数确定的情况下，BiLSTM层数是影响该预测模型性能的主要因素，本试验通过调参的方式确定该预测模型使用两层BiLSTM。

（4）参数数量：在保证该模型性能的前提下，尽量减少模型参数的数量，从而降低模型的复杂度，避免训练过程中出现过拟合的现象，同时能够降低计算复杂度，缩短训练时间。

2.3.2　基于FiBiLSTM的数字孪生模型设计

现代深度神经网络在各种任务中表现良好，但这种数据驱动的方法也受到一些限制，如对正向模型了解不充分和缺乏目标真实数据等。通用的深度网络通常是根据经验设计的，采用分级结构，每级由较多的层和参数构成。这样的设计赋予了深度网络强大的能力来模拟模糊的甚至是未知的物理系统，但网络结构缺乏可解释性，并包含过多的可训练参数，这可能会导致过拟合、鲁棒性和通用性降低[16]。本案例模型数据包含吸力面粗糙度、压力面粗糙度以及叶顶间隙，包含压气机叶片不同物理结构的信息，因此我们开始构建基于FiBiLSTM的性能数字孪生模型，学习输入特征数据与压缩系统效率参数的映射关系，模型结构如图2-6所示。

在基于FiBiLSTM的模型中，输入数据根据吸力面、压力面、叶顶三个不同的物理结构分成三部分，分别为输入1、输入2和输入3。同样地，输入数据需要被转换成序列数据。如图2-6所示：输入1的每个样本数据按照时间步分别为转速、流量、吸力面粗糙度；输入2的每个样本数据按照时间步分别为转速、流量、压力面粗糙度；输入3的每个样本数据按照时间步分别为转速、流量、叶顶间隙，其中转速、流量为三部分的共享输入数据。将输入1、输入2、输入3分别独立地输入BiLSTM层L1、L2、L3中，三个BiLSTM层输出的形状为（批量大小，时间步维度，特征维度），三个输出在时间步维度上拼接（Concatenate）作为BiLSTM层L4的输入，L4的输出送入Dropout层降低过拟合，最后Dropout层输出的结果经过全连接层，便能得到与输入数据样本对应的压缩系统效率值。

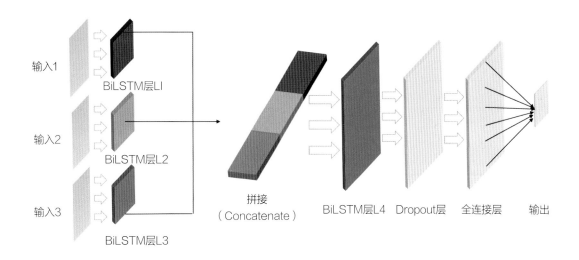

图2-6　基于FiBiLSTM的数字孪生模型

　　本案例在设计该模型时主要考虑以下几个方面：首先是确保模型为端到端结构，即输入序列数据能够直接得到与之对应的效率值；其次，通过试验调参的方式确定该预测模型使用的BiLSTM层层数；再次，在保证该预测模型性能的前提下，尽量减少模型参数的数量，从而降低模型的复杂度，避免训练过程中出现过拟合的现象，并且减少计算复杂度，缩短训练时间；该预测模型使用均方误差损失函数。

2.4 数字化试验演示案例流程

2.4.1　基于BiLSTM数字孪生模型的数字化试验测试

　　基于BiLSTM的数字孪生模型的训练与测试试验流程如图2-7所示。首先对盐雾腐蚀数据集进行数据分析与处理，然后将标准化后的训练数据输入数字孪生模型中训练，保存验证损失最小的模型结构和参数。在测试试验阶段，将测试数据集样本输入训练好的数字孪生模型中，得到与之对应的效率值，根据性能评价指标计算偏差，最后评价数字孪生模型的性能好坏，确定数字化试验最终模型。

　　试验中BiLSTM网络模型的主要参数设置情况为：批尺寸（batchsize）大小为4，训练轮数为

1 200，输入数据的序列长度为5，BiLSTM层L1的隐藏状态输出维数为32，BiLSTM层L2的隐藏状态输出维数为64，Dropout层D1、D2的失活率均设置为0.3，使用adam优化器进行训练，初始学习率设置为0.001。网络各层的架构和参数状况见表2-3。

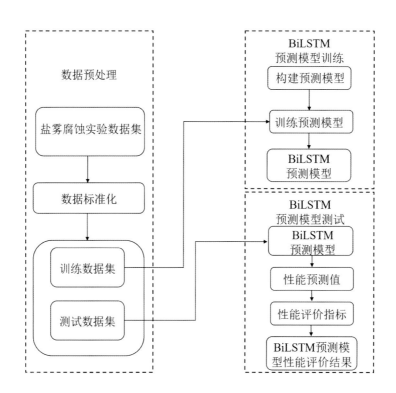

图2-7　基于BiLSTM的压缩系统数字孪生模型训练与测试试验流程

表2-3　BiLSTM网络模型架构和参数表

Layer(type)	Output Shape	Param #
input_1 (Input Layer)	[(None，5，1)]	0
bidirectional (Bidirectional)	(None，5，64)	8 704
dropout (Dropout)	(None，5，64)	0
bidirectional_1 (Bidirectional)	(None，128)	66 048
dropout_1 (Dropout)	(None，128)	0
Dense (Dense)	(None，1)	129
Total params: 74 881		
Trainable params: 74 881		
Non-trainable params: 0		

图2-8为90%转速下叶顶间隙分别为0.51 mm、0.67 mm、1.03 mm以及2.17 mm的流量效率数

字化试验曲线与物理实验曲线的对比情况，利用性能评价指标评价该模型，得到该模型在4个不同叶顶间隙及总体上的平均绝对值误差（Mean Absolute Error，MAE）、平均绝对值百分比误差（Mean Absolute Percent Error，MAPE）（见表2-4）。结果显示，基于BiLSTM的模型试验的流量效率特性曲线与物理试验曲线的趋势基本一致，数字孪生模型在叶顶间隙为0.51 mm处的性能要优于其他几个叶顶间隙处的预测性能。另外，结果显示，模型在效率随流量急剧降低的范围内预测的效果较差，一方面是由于效率变化陡峭，另一方面是由于训练数据较少。通过以上分析，可以得出结论：基于BiLSTM的性能预测模型在总体上预测的趋势与物理试验曲线基本一致，能够构建输入特征数据与数字试验效率之间的映射关系，但在局部范围内精度较差，数字试验值与物理试验值的差距较大。

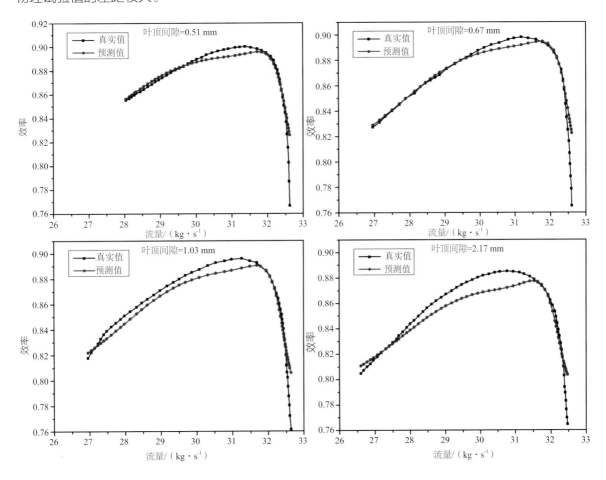

图2-8　90%转速下不同叶顶间隙压缩系统性能预测

表2-4　基于BiLSTM的模型评价指标

数据集	0.51 mm	0.67 mm	1.03 mm	2.17 mm	总　体
MAE	0.005 8	0.007 6	0.007 4	0.008 2	0.007 2
MAPE/(%)	0.70	0.94	0.90	0.99	0.88

2.4.2 基于FiBiLSTM数字孪生模型的数字化试验测试

基于FiBiLSTM的压缩系统数字孪生模型的训练与测试试验流程如图2-9所示。该模型的训练测试流程与基于BiLSTM的数字孪生模型基本一致，包括数据标准化、模型训练、模型测试三个部分。在训练阶段，将标准化后的训练数据输入模型中训练，保存验证损失最小的模型结构和参数。在模型的试验阶段，将测试数据集样本输入训练好的模型中，得到与之对应的效率试验值，根据性能评价指标计算物理试验值与数字试验之间的偏差，最后评价模型的性能好坏。

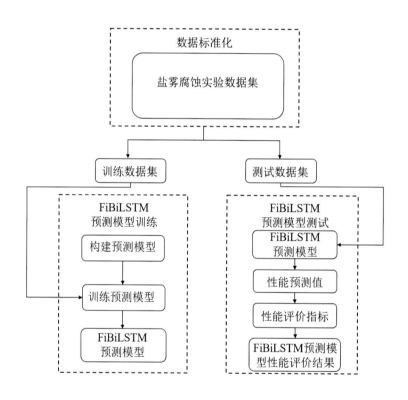

图2-9 基于FiBiLSTM的压缩系统数字孪生模型训练与测试试验流程

试验中FiBiLSTM网络模型的主要参数设置情况为：批尺寸（batchsize）大小为4，训练轮数为1 200，输入数据1、2及3的序列长度均为3，BiLSTM层L1、L2及L3的隐藏状态输出维数为8，BiLSTM层L4的隐藏状态输出维数为64，Dropout层的失活率设置为0.5，使用adam优化器进行训练，初始学习率设置为0.001。网络各层的架构和参数状况见表2-5。

利用训练数据对基于FiBiLSTM的模型进行训练，然后将90%转速下不同叶顶间隙的测试数据输入训练得到的模型中，得到相对应的效率试验值。

表2-5　FiBiLSTM网络模型架构和参数表

Layer(type)	Output Shape	Param #	Connected to
Input_1(input Layer)	[(None，3，1)]	0	
Input_2(input Layer)	[(None，3，1)]	0	
Input_3(input Layer)	[(None，3，1)]	0	
Bidirectional (Bidirectional)	(None，3，16)	640	input_1[0][0]
bidirectional_1(Bidirectional)	(None，3，16)	640	input_2[0][0]
bidirectional_2(Bidirectional)	(None，3，16)	640	input_3[0][0]
concatenate(Concatenate)	(None，9，16)	0	bidirectional[0][0]
			bidirectional_1[0][0]
			bidirectional_2[0][0]
bidirectional_3(Bidirectional)	(None，128)	41 472	concatenate[0][0]
dropout(Dropout)	(None，128)	0	bidirectional_3[0][0]
dense(Dense)	(None，1)	129	dropout[0][0]
Total params: 43 521			
Training params: 43 521			
Non-trainable params: 0			

图2-10为90%转速下叶顶间隙分别为0.51 mm、0.67 mm、1.03 mm以及2.17 mm的流量效率预测曲线与真实曲线的对比情况，利用性能评价指标评价该预测模型，得到该模型在4个不同叶顶间隙及总体上的MAE、MAPE（见表2-6）。结果显示，基于FiBiLSTM的模型数字试验的流量效率特性曲线与物理试验曲线的趋势一致，模型在叶顶间隙为0.51 mm、0.67 mm处的性能要明显优于叶顶间隙为1.03 mm、2.17 mm处的性能，叶顶间隙为2.17 mm处的模型性能表现最差。另外，结果显示，模型在流量最大值附近的几个点试验精度较差，一方面是由于效率变化陡峭，另一方面是由于训练数据较少。

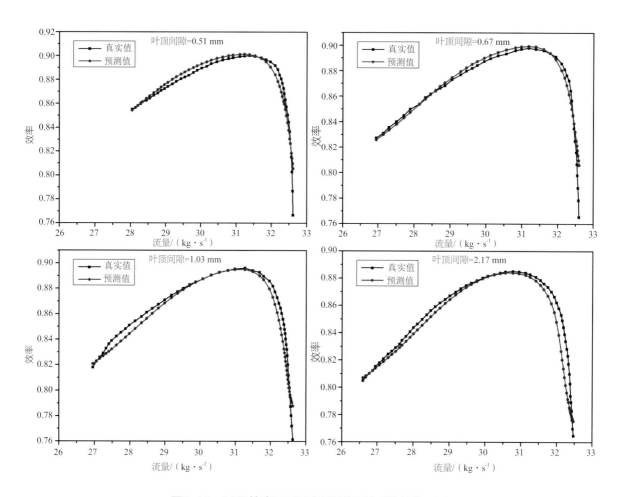

图2-10　90%转速下不同叶顶间隙压缩系统性能预测

表2-6　基于FiBiLSTM的模型评价指标

数据集	0.51 mm	0.67 mm	1.03 mm	2.17 mm	总 体
MAE	0.005 2	0.005 9	0.007 4	0.007 9	0.006 7
MAPE/（%）	0.61	0.72	0.88	0.95	0.80

　　通过以上分析，可以得出结论：基于FiBiLSTM的数字孪生模型在总体上试验趋势与物理试验曲线一致，能够构建输入特征数据与预测效率之间的映射关系，总体上具有较好的精度性能。

2.5 数字化试验模型对比

为了进一步对本章提出的两种压缩系统模型的数字化试验性能进行评价分析，将这两种模型与其他使用相同试验数据集进行性能测试的预测算法进行对比。目前用于性能预测的主流算法还包括多层感知机（Multilayer Perception，MLP）和深度卷积神经网络（CNN），我们使用相同的试验数据集分别搭建神经网络对性能进行预测，并根据评价指标计算预测精度，对比分析结果见表2-7。

表2-7　四种模型的预测性能评价指标对比

模　　型	MAE	MAPE/（%）
基于BiLSTM的预测模型	0.007 2	0.88
基于FiBiLSTM的预测模型	0.006 7	0.80
MLP预测模型	0.010 2	1.22
CNN预测模型	0.011 5	1.35

从表2-7可知，本方案提出的两种方法表现出的预测性能明显优于MLP和CNN预测模型。由于输入的特征数据存在关联，LSTM网络能够很好地捕捉序列数据的前后关联信息，同时基于FiBiLSTM的预测模型相比于纯数据驱动的方法将数据存在的物理架构信息加入神经网络当中，表现出较好的数字试验效果。

2.6 本章小结

本章以叶片腐蚀试验为基础，利用公开的智能算法，建立数字孪生模型，开展数字化试验，并与物理试验对比，上述流程囊括了数字化试验核心技术的全流程。模型的训练测试流程包括数据预处理、模型训练、模型测试三部分，为评估两种模型的数字试验性能，将这两种模型与MLP、CNN预测模型在相同的试验数据集下进行预测性能对比，结果表明，本方案两种预测模型的预测性能优于其他预测模型。本章节作为数字化试验的简单案例，目的在于介绍数字化试验核心技术的全流程。通过全流程介绍，读者可以较为全面地理解过程细节，为后续整机数字化试验打下基础。

航空发动机整机数字化试验

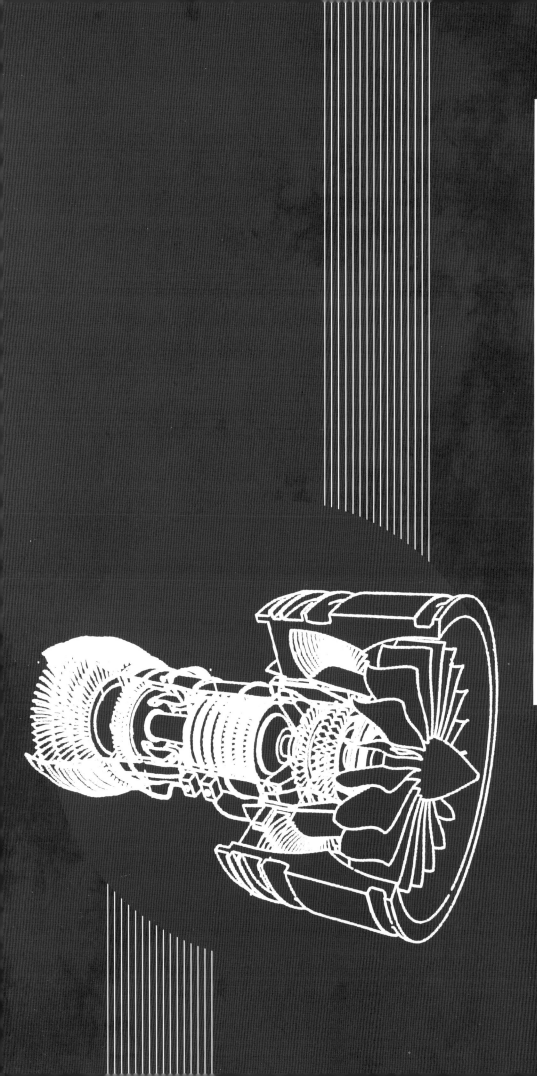

3.1 试验背景

　　航空发动机在服役期间出现故障，或者服役时长到达大修期限，都需要送返维修厂进行维修，如图3-1所示。若是由于服役期间出现故障而返厂维修，一般需要在维修前开展试车，在厂内重现故障，定位故障，然后再针对故障部件开展具体维修。若是由于到达大修期限而返厂维修，一般不会进行维修前试车，而是直接拆解发动机，开展大修。

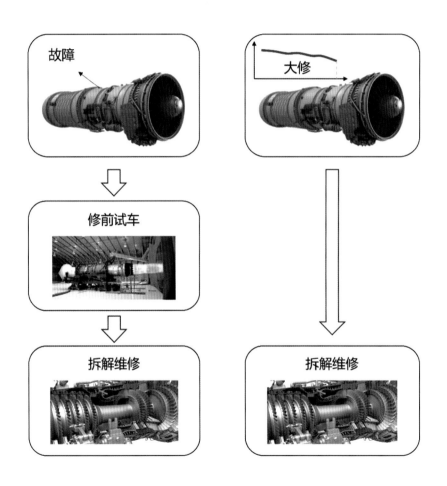

图3-1　发动机进厂维修流程

　　如果要评价发动机维修效果，即评价维修带来的具体性能恢复量，针对故障发动机，由于其本身就开展修前试车，所以可以通过对比修前试车和修后试车的性能来获取。但是针对大修发动机，由于不开展修前试车，无法获取发动机在维修前的性能值，所以无法评价其维修效果。如果要对大修发动机进行维修效果评价，那么就必须要获得发动机在维修前的性能值，如此一来就需要对每台大修发动机都开展物理试车。这对维修厂而言，会消耗大量的人力、物力、财力，带来巨大的压力，同时也会拖慢修理进度。为了解决对大修发动机性能评价的现实问题，利用数字试验技术可以对大修发动机进行修前整机数字化试验以代替整机试车。数字化试验的主要目的是在大修发动机不进行修前地面试车的情况下，获得发动机在维修前的性能状态，用于发动机维修效果评价。

3.2 试验意义

　　航空发动机维修前整机数字化试验，是指在大修发动机进维修厂开始维修前，根据维修前最后若干架次的机载数据，建立数字孪生模型开展数字化试验，获取发动机维修前的性能状态。首先，我们有必要解释为什么需要通过数字化试验获取发动机修前性能，而不是从机载监测数据中直接获取修前性能。

　　如图3-2所示，根据机载数据直接获取发动机修前性能状态，是一种理想的方法，但是在实际应用中，由于机载飞行工况和地面试车工况完全不一致，并且某些重要性能参数（如推力）机载不可测量，会导致无法和修后的地面试车测量性能值进行对比。例如：飞行过程中大气环境和地面试车大气环境差别较大；发动机控制和加减速模式飞行过程与地面试车也不一致；机载推力也不可测量；等等。这些问题，导致无法在完全一致的运行条件下对比发动机在修前、修后的性能，甚至推力等关键参数根本没有修前性能值和修后性能值进行对比。因此，根据飞行数据直接获取发动机修前性能状态用于维修效果评估基本不可取。而通过建立数字孪生模型开展数字化试验，可以有效解决上述问题，如图3-3所示。

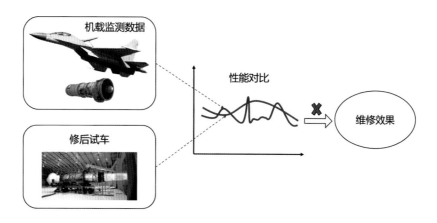

图3-2　根据机载监测数据直接获取发动机修前性能状态

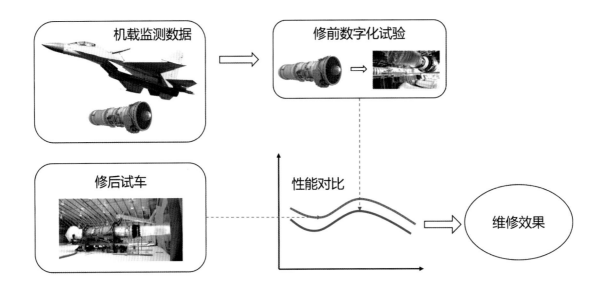

图3-3　根据机载监测数据进行修前数字化试车

3.3 试验流程

　　针对本章3.1节、3.2节描述的试验背景和试验意义，本节对数字化试验的介绍分为两部分，即针对机载可测性能参数（如排气温度T_6）的数字化试验和机载不可测性能参数（如推力F）的数字化试验。需要说明的是，其他机载不可测性能参数的数字化试验流程完全类似，理论上所有地面试车物理测量参数均可建立对应的数字化试验模型和流程，可将所有模型统一或者一起训练为综合模型。

3.3.1　机载可测性能参数的数字化试验

　　机载可测性能参数数字化试验的试验流程，我们以排气温度T_6为例进行介绍，如图3－4所示。T_6数字化试验分为两大步骤。

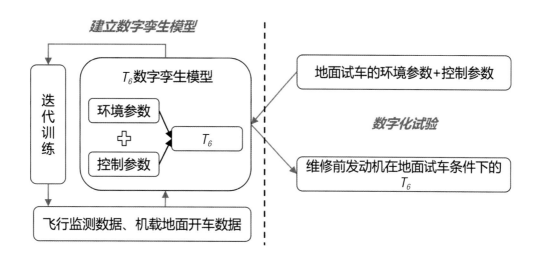

图3-4 发动机T_6的修前数字化试验流程

（1）如图3-4左半部分所示，根据发动机进厂维修前最近的若干架次的机载数据，包含机载飞行数据和机载地面开车数据，建立并训练T_6数字孪生模型。该数字孪生模型输入参数为环境参数和控制参数，输出参数为T_6，其架构可采用文献[10]介绍的架构驱动方法。在训练过程中，不断地将机载数据输入模型，最大程度地使数字孪生模型孪生出的T_6值逼近于机载测量的T_6测量值，以此为目标迭代优化数字化架构中的网络模型参数，直至模型精度、可靠性和稳定性满足工程要求。由于训练模型的数据都是发动机修前最后若干架次的机载运行数据，所以用该系列数据训练出的数字孪生模型表征的是修前发动机的性能，即此时训练出的数字模型在数字空间从性能角度可以代替修前的发动机。

（2）如图3-4右半部分所示，将地面试车环境参数和控制参数（此时的地面试车环境参数和控制参数可以是对应的数字环境模型和数字控制模型的数字化模拟数据）输入第一步建立的数字孪生模型，开展数字化试验，得到修前发动机在地面试车条件下表现出的性能参数值，如本示例中输出为T_6。同样，为了进行修前、修后的对比（如修前、修后的T_6对比），可以将修后地面试车的环境参数和控制参数输入模型中，即可得到修前状态的数字发动机在修后的地面运行条件下，能够表现出来的T_6值。敏锐的读者会发现这样一个有趣的事实，此处相当于修前发动机数字模型在修后的环境和控制下运行。数字模型运行出的性能参数和修后发动机对应参数之间的差值就是修前、修后的性能差别。注意此处保证了修前、修后的同一环境和同一控制下运行，只不过修前是数字发动机试验，修后是物理发动机试验。

3.3.2 机载不可测性能参数的数字化试验

3.3.1节介绍的仅仅是机载可测参数的数字化试验，但是毕竟机载可测参数过少，仅仅对比这些参数还难以全面评估修前、修后发动机的性能。要全面评估修前、修后发动机的性能变化，最理想的方式是发动机试车所测全部参数的对比，如推力、压比、温度等。因此，本节开始介绍机载不可测性能参数（即机载不可测但是地面发动机试车可测参数）的数字化试验。此处，我们以关键参数推力为例。

针对机载不可测量的性能参数，如推力，其无法通过机载测量，直接通过机载监测数据建立推力的数字孪生模型流程上就行不通。但是为了通过数字化试验得到发动机修前的推力，就必须需要一个表征修前推力性能的数字孪生模型。而训练推力数字孪生模型，就必须要包含推力的测量数据。而只有地面试车可以测量推力，这意味着推力数字孪生模型的训练数据只能来自地面试车数据，如图3-5所示。

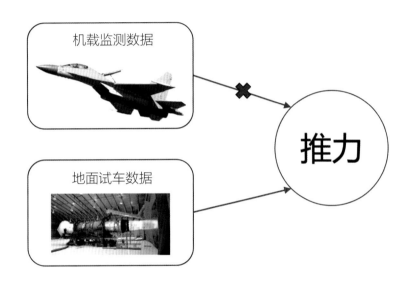

图3-5　机载推力不可测，地面试车推力可测

发动机一般只有以下两种情况会进行地面试车：新发动机出厂试车和发动机大修后出厂试车。这两种试车情况下的发动机，都是性能完好、未发生性能衰退的发动机，而维修前发动机是性能衰退较为严重的发动机，如果仍然采用图3-4所示的数字孪生模型结构，则无法表征维修前发动机的推力水平，如图3-6所示。

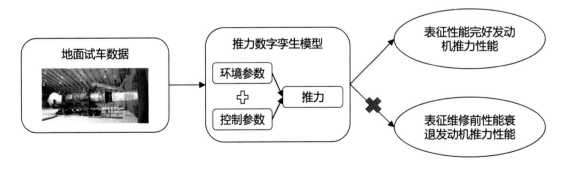

图3-6　反映性能完好发动机状态的推力评估模型

上述描述留给我们的问题是，如何将机载数据和地面试车数据迁移，即如何将机载参数与地面试车参数关联，如将机载T_6与地面试车测量的推力F关联。我们最终的目的还是希望推力的数字化模型能融入发动机的衰退因素，如机载T_6在一定程度上反映出发动机性能的衰退，那么留给我们的任务是如何将这类因素融入模型，使得模型能够表征性能的衰退。我们可采取图3-7所示的模型架构。

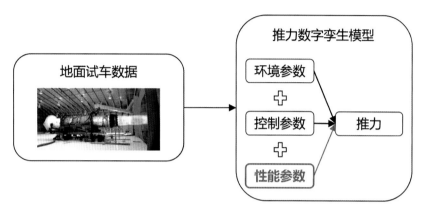

图3-7　发动机推力性能实时预测数字孪生模型

该模型架构和图3-6所示模型最大的区别在于，模型的输入中加入了能够表征发动机性能衰退的性能参数，此处的性能参数一定是机载可测性能参数。这样一来，当发动机性能衰退时，输入性能参数会发生相应衰退，通过输入性能参数和推力之间的物理响应关系，使得输出的推力值也隐含了性能衰退的影响，从而可以实时反映发动机各个状态下的推力。这里我们用到了物理规律不衰减理念，感兴趣的读者可以参考文献[10]的2.2.5节。

在确定好推力数字孪生模型的架构后，下面我们介绍如何基于该模型开展发动机修前的数字化试验，整个流程如图3-8所示。该数字化试验也包含两大部分。

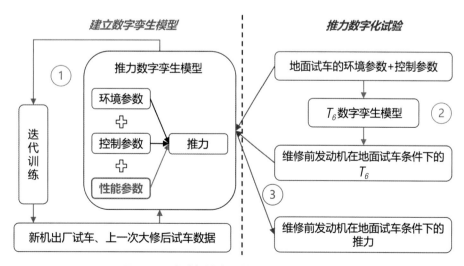

图3-8　发动机推力的修前数字化试验流程

（1）如图3-8左半部分所示，根据发动机新机出厂试车数据或上一次大修后试车数据，建立并训练推力数字孪生模型。此处隐含的是物理规律不衰减，该模型输入是环境参数、控制参数和机载可测性能参数（本案例中选择T_6），输出是推力。在训练过程中，不断地将试车数据输入模型，以最大程度地使模型孪生出的推力值逼近于试车测量的推力测量值为目标，迭代优化模型网络参数，直至模型精度、可靠性和稳定性满足工程要求。最后得到可对推力进行实时孪生的数字模型。

（2）如图3-8右半部分所示，首先进行T_6数字化试验，即将地面试车环境数据和地面试车控制数据输入机载T_6数字孪生模型，获得发动机修前在地面表现出的T_6值，需要说明的是，此时输出的T_6值代表了修前发动机的性能状态，隐含了性能衰退信息。然后开展推力数字化试验，即将地面试车环境参数和控制参数，加上上一步T_6数字化试验得到的修前T_6值，一同输入推力数字孪生模型中，得到修前发动机在地面运行条件下的推力值。

上述内容就是应用数字孪生模型进行发动机维修前整机数字化试验的全部理论介绍。我们可以发现：如果是机载可测性能参数的数字化试验，仅通过机载数据就可以构造数字孪生模型完成数字化试验；而针对机载不可测性能参数但是地面发动机试车可测参数，需要用到出厂地面试车数据构造数字孪生模型，同时需要机载可测性能参数的数字孪生模型，共同完成数字化试验，如图3-9所示。下面，我们对以上理论部分开展案例验证。

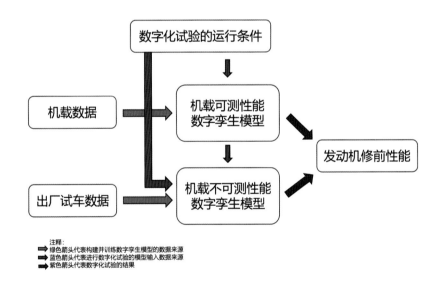

图3-9　发动机修前整机数字化试验

3.4 案例验证

为了开展数字化试验的验证工作，即整机数字化试验能否代替地面试车，我们开展了地面试验验证。案例验证数据包含三类：发动机出厂试车数据、发动机进厂维修前的机载数据、发动机维修前地面试车数据。通过对比数字化试验得到的发动机T_6值和推力值与整机试验测量的T_6值和推力值，验证了整机数字化试验的精度和可靠性。

验证案例中，我们筛选出机载数据和地面试车数据中的测量参数，作为构建两个数字孪生模型的输入、输出，见表3-1。此处理论上其他测量参数均可选取，我们仅仅筛选推力的目的是为了叙述的方便。

表3-1 数字孪生模型的输入、输出参数

1	环境压力	
2	环境温度	环境参数
3	发动机进口总温	
4	风扇进口导叶角度	
5	低压转子转速	
6	高压进口导叶角度	
7	高压转子转速	控制参数
8	油门杆位置	
9	尾喷管喉部直径	
10	低压涡轮后燃气温度	性能参数
11	推力	

首先构造并训练两类数字孪生模型，分别得到T_6数字孪生模型和推力数字孪生模型。将该台发动机修前地面试车的环境参数和控制参数，输入T_6数字孪生模型中，得到数字化试验的T_6，与实际测量的T_6值进行对比。

由图3-10可以看出，T_6数字化试验值与实际值基本拟合在一条曲线上，计算全过程平均误差为3%，误差主要来源于过渡态。将发动机修前地面试车的环境参数和控制参数，以及T_6数字化试验值，输入推力数字孪生模型中，得到数字化试验的推力，与实际测量的推力值进行对比。

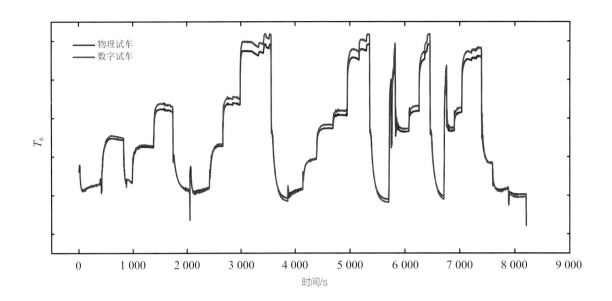

图3-10　发动机修前T_6数字化试验与物理试车对比

由图3-11可以看出，数字化试验推力与实际维修前地面试车推力在全过程（过渡态和稳态）基本相同，全过程平均误差0.5%，完全符合精度要求。

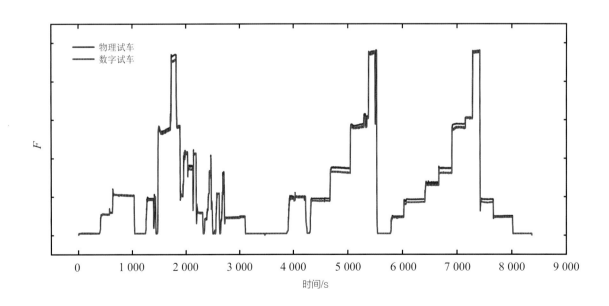

图3-11　发动机修前推力数字化试验与物理试车对比

上述应用验证实例可以说明，采用数字化试验对发动机进行维修前试车，可以表征发动机在维修前的性能状态，得到维修前发动机在地面试车条件下的性能值。

3.5 本章小结

    本章对航空发动机整机数字化试验的背景、意义、原理以及应用验证实例进行了介绍。针对机载可测性能参数和机载不可测性能参数这两类发动机整机性能的数字化试验，从数字孪生模型的建立和模型参数的选取，到基于数字孪生模型的试验方法以及验证案例，涵盖了航空发动机整机数字化试验的核心技术。在验证案例中，两类性能参数的试验精度均达到工程要求，验证了本方案的有效性。本案例仅仅以推力和排气温度为例是为了阐述的方便，完整的整机数字化试验可以包含全部测量参数，方法、流程完全相同。

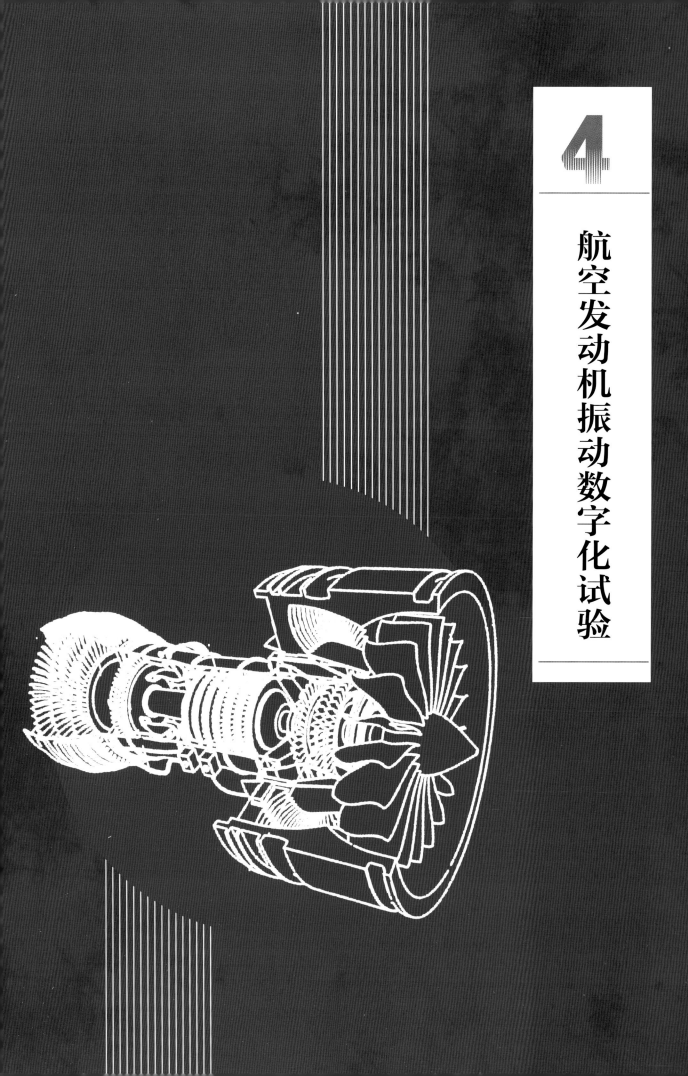

4

航空发动机振动数字化试验

4.1 试验背景

在航空发动机运行过程中，振动在衡量航空发动机安全性和可靠性中扮演着重要角色。振动异常或超标往往预示着机械疲劳、零部件磨损，并伴随着性能下降甚至机械故障的发生。因此，对航空发动机振动进行准确的监控、分析和评估至关重要。

对于航空发动机研发、生产及维修单位，传统的振动试验主要通过地面试车试验开展。通过安装在航空发动机核心部件机匣上的振动传感器，在不同环境、控制任务的运行状态下采集机匣水平或者垂直方向的振动信号，并进行监控分析，从而为设计验证和改进、故障诊断、维护决策以及质量分析评估等提供依据。

传统试车试验最明显、最突出的劣势便是高昂的费用，除了试车台等设备需要耗费巨额资金外，单台次发动机交付前的试车花费也相当惊人。此外，由于振动具有较强的随机性，并对环境和控制状态表现出较强的高敏感性，所以通过试车找出发动机振动差异或超标的原因需要进行多状态的循环试车，进而导致生产周期加大。同时，在发动机振动抑制的方案设计阶段，通过试车验证所有可行设计方案，由于耗费巨大，工程上不具备可实现性，更为关键的是，也无法进行重复性试验验证振动抑制设计方案的鲁棒性。因此，发展数字化振动试验研究对于航空发动机试车的经济性、安全性、可靠性以及性能的全面性提升均具有重要的工程价值。

4.2 整机振动数字孪生模型

不同于传统数学建模方法，振动数字孪生模型强调环境参数、控制参数等与振动参数之间的关联映射。与性能数字孪生模型类似，其一般性模型结构基于航空发动机物理运行架构以及物理试车试验数据建立，具体如图4-1所示。

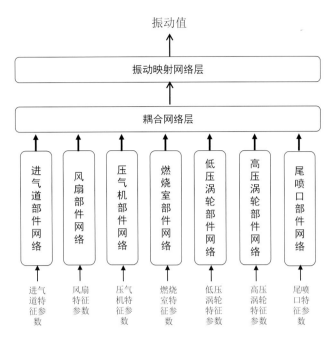

振动值

振动映射网络层

耦合网络层

| 进气道部件网络 | 风扇部件网络 | 压气机部件网络 | 燃烧室部件网络 | 低压涡轮部件网络 | 高压涡轮部件网络 | 尾喷口部件网络 |

进气道特征参数　风扇特征参数　压气机特征参数　燃烧室特征参数　低压涡轮特征参数　高压涡轮特征参数　尾喷口特征参数

图4-1　航空发动机整机振动数字孪生模型的一般结构

单次试车过程中，性能参数在不同试车状态下的参数值较为稳定，且其与环境和控制参数的变化规律表现出较接近的一致性，因此上述模型在性能数字孪生上可以取得较好的结果。然而，振动参数存在更为剧烈的随机性，因此其与环境、控制参数之间的变化规律存在较为明显的差异性，如图4-2和图4-3所示。

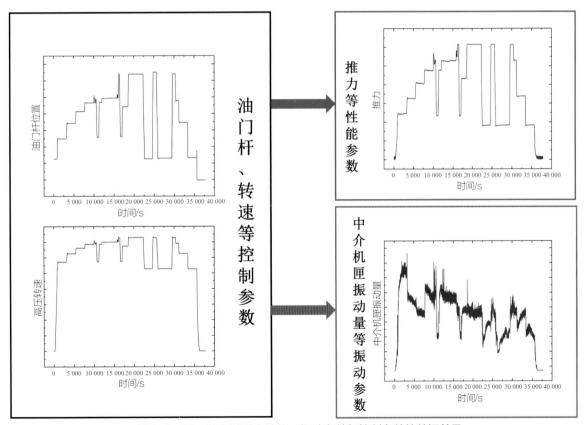

图4-2　同一试车过程中性能、振动参数与控制参数的数据差异

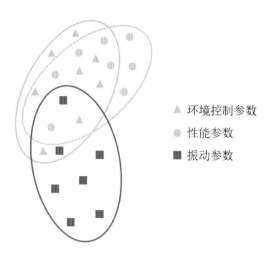

图4-3 性能、振动参数与控制参数的数据范围差异

举例来说，图4-4稳态运行过程中，油门杆位置以及转速等控制状态参数的值基本为定值，而中介机匣振动量等振动参数对应的值却呈现出明显的波动，这种数值上的差异性使得图4-1的模型在振动预测上无法取得较好的结果。

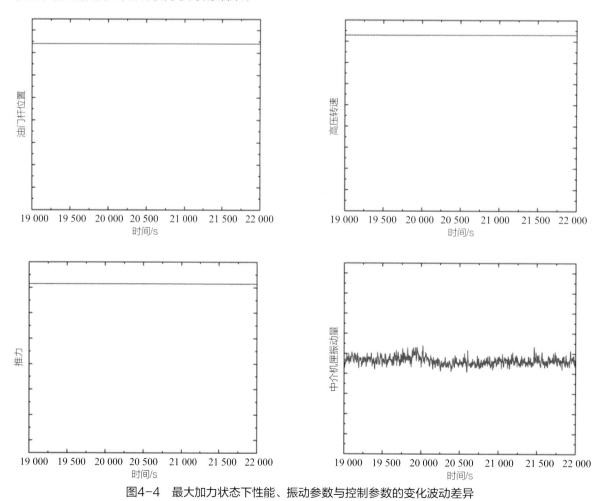

图4-4 最大加力状态下性能、振动参数与控制参数的变化波动差异

为平衡上述这种数值差异性，可以通过在数据和模型中人为地引入随机性来处理，如图4-5所示：首先通过对输入数据进行加噪来增强其随机性；随后，加噪后的特征参数进入部件网络和耦合网络进行部件物理运行规律的特征提取和共同工作规律的特征融合，该部分与图4-1前两层结构一致，唯一区别在于数据及特征传递过程中带入了人为噪声信息；之后的随机信号网络层用于学习振动的随机信息，其结构可以为自编码或者生成对抗网络（Generative Adversarial Network，GAN）的结构形式，之后通过映射层网络将振动特性规律映射到关心的振动参数上。

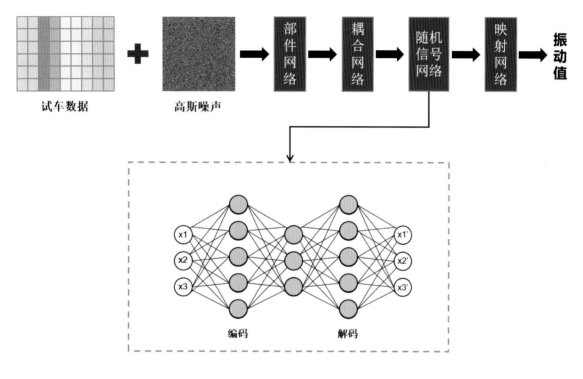

图4-5　试车数据与振动数字孪生模型中引入随机性

前述模型的核心问题在于时域空间内数据信息的不对称，即环境控制参数的时域表征信息小于振动参数的时域表征信息（见图4-2和图4-3）。为弥补观测视野不足而未窥全貌带来的信息缺失，增加数据的观测角度是必要的技术措施。频域分析可以从频率角度对发动机振动特性进行观测分析，进而捕捉到时间视角下被"隐藏"的特征信息。因此，如图4-6所示，我们在原有时域模型基础上添加频域网络层模块进行更全面的权重约束和特征学习，从而保持了振动数字孪生模型的时频一致性。

通过以上振动数字孪生模型和数据处理技术，对前、中、后机匣的振动参数进行训练学习，并校验模型精度，图4-7展示了校验结果：各振动参数数字孪生模型均具备较高的模型精度。

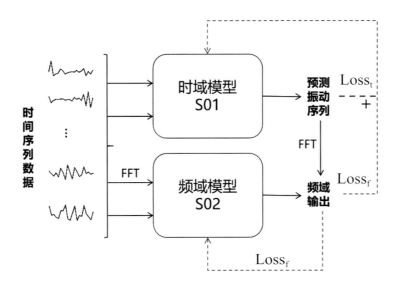

图4-6　基于时频一致性的振动数字孪生模型

FFT—快速傅里叶变换；$Loss_t$—时域损失函数值；$Loss_f$—频域损失函数值

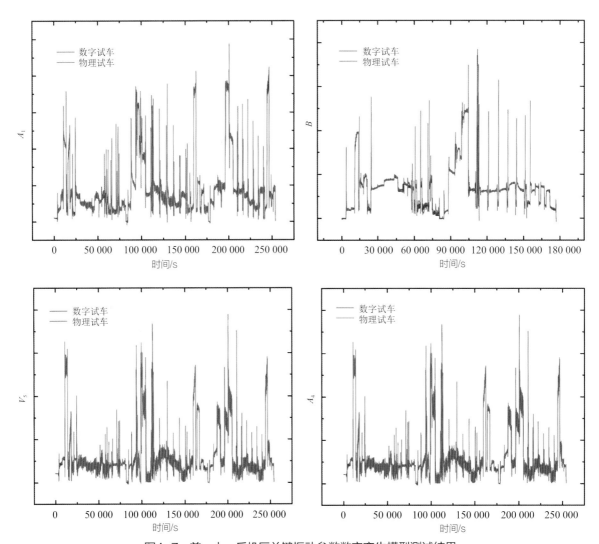

图4-7　前、中、后机匣关键振动参数数字孪生模型测试结果

4.3 基于装配参数的振动数字化试验

开展基于装配参数的振动数字化试验的核心是基于装配的振动数字孪生模型。与图4-1所示的振动数字孪生模型相比，该模型的难点在于装配数据与试车数据的融合，图4-8和图4-9为采用两种不同的融合方式构建的装配-振动数字孪生模型。其中：图4-8所示模型的装配与试车运行规律的融合发生在部件网络层之前；而图4-9所示模型中，先进行各部件装配规律以及各部件运行规律的学习，并融合为整机的装配规律和整机的运行规律，最后将两者进行耦合，学习到发动机整体系统的装配-运行规律。

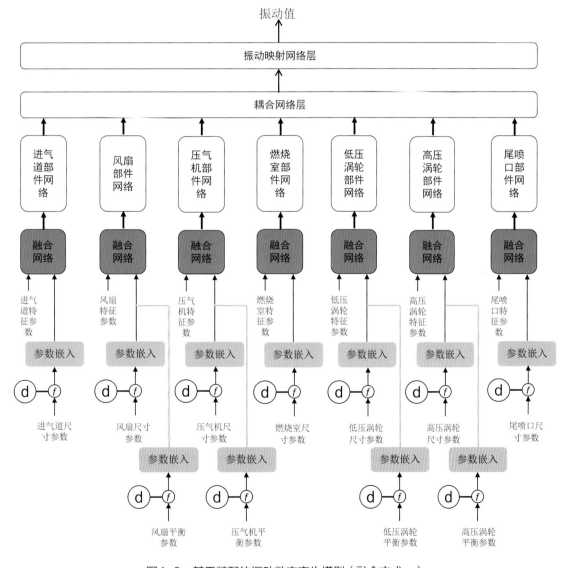

图4-8　基于装配的振动数字孪生模型（融合方式一）

图4-8中：ⓓ表示公差信息；ⓕ表示将公差信息融入实际装配参数的过程；参数嵌入是将装配数据转换为低维稠密向量表示的过程。其含义是通过将原始的离散化的输入数据映射到连续的向量空间中，以便模型能够更好地理解和处理输入数据。由于转子部件的平衡参数对发动机的振动影响较大，所以装配-振动模型在转子部件装配参数的融合过程中将尺寸参数与平衡参数分开，进而学习到更加详细具体的平衡规律特征。最后，针对图4-9中的 ，其含义为对所有部件网络进行学习，这与图4-1的第一层部件网络一致。而对于部件平衡网络，该符号仅仅表示对所有转子部件网络学习。

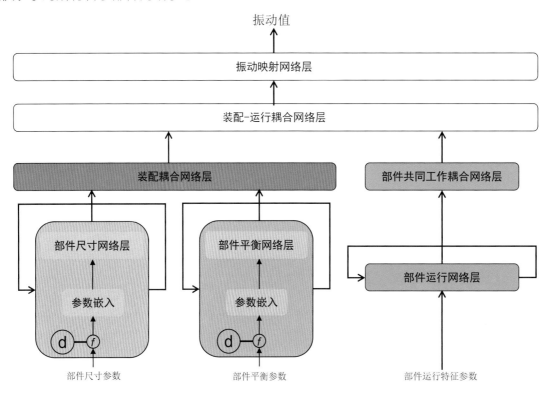

图4-9 基于装配的振动数字孪生模型（融合方式二）

4.4 考虑起动状态的数字化振动试车试验

试车试验过程中，存在两种试车起动状态：冷起动与热起动。其中：冷起动是指在发动机完全冷却下来之后进行起动的过程；热起动是指在发动机已经运转一段时间后或者刚刚停下来后，再次进行起动的过程。由于初始热状态不同，发动机内部机械热形变也存在差异，此时若仅仅采用环境和控制指向振动参数，便无法捕捉到这种微小的结构差异，因此可以通过在输入参数中引入温度参数来体现这种初始热态差异，具体如图4-10所示。

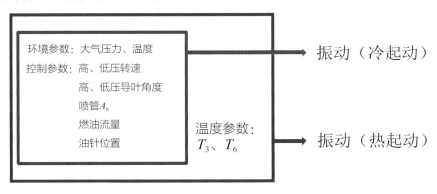

图4-10　考虑起动状态差异的振动数字化试验

4.5 基于状态迁移的数字化振动试车试验

就航空发动机振动试车而言，其一般包括多种试车过程，如工厂试车以及检验试车，每个试车过程会包括多个试车阶段，基于状态迁移的数字化振动试车试验可以用于模拟检验发动机在不同工作状态下的运行情况。这里举例说明，如图4-11所示，若发动机A在某个试车过程中有3个阶段，可将阶段1和阶段2的试车数据进行训练，从而在阶段3开展振动数字试车，进而辅助物理试车或者减少物理试车次数。

图4-11　仅考虑单台发动机物理试车数据的振动数字试车

图4-11中，由于训练过程中未学习到阶段3的控制运行状态，所以结果精度往往不尽如人意。为学习到阶段3的状态，可以迁移同型号其他发动机阶段3的运行规律至发动机A的振动数字孪生模型中，从而实现发动机A在阶段3的准确振动预测，具体操作思路如图4-12所示。通过将发动机A阶段1和阶段2的物理试车数据，以及发动机B、发动机C…的阶段1、阶段2和阶段3的物理试车数据用于训练发动机A的振动数字孪生模型，进而通过该模型实现发动机A在阶段3的振动数字试车。

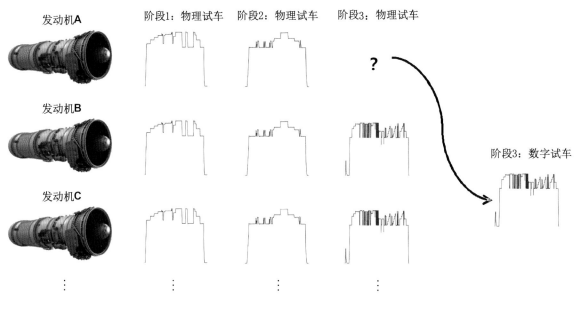

图4-12 进行试车状态迁移的振动数字试车

4.6 数字化振动评级分类试验

数字化振动评级分类的思路为通过台架试车数据建立不同发动机的振动数字孪生模型。在检验模型精度后，采用各模型在不同的试验状态下开展数字化振动试车试验，即可得到如图4-13（a）所示的各发动机在不同试车状态下的振动表征结果。然后对所有状态结果进行统计平均，即可实现对各发动机的振动响应进行评级分类，如图4-13（b）所示。特别说明，这里的振动响应值大小与实际振动值的大小正相关，其大小差异反映了振动的强弱差异。

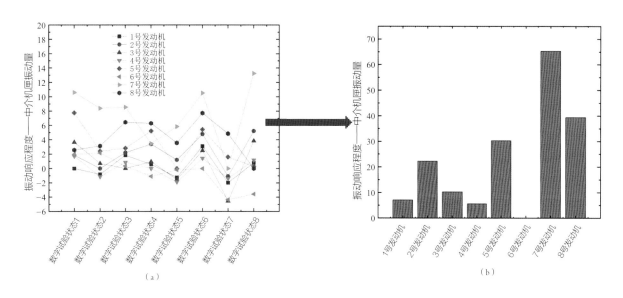

图4-13 数字化振动评级分类试验结果

4.7 数字化振动排故试验

案例问题：如图4-14所示，给出4台发动机整机振动数据，其中1台发动机振动超标，需要找出导致该台发动机振动超标的关键装配参数。

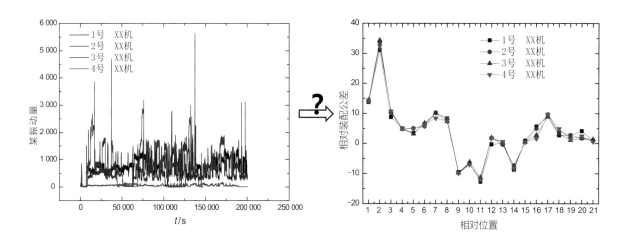

图4-14 整机振动排故（参数无量纲化）

（1）整机振动分析。如图4-15所示，航空发动机每个零件有加工公差，各零件在装配时有装配公差。加工公差和装配公差的差异，均会导致整机振动性能的差异。该两类因素是发动机还没有热运行时的差异，因此称为冷态因素。航空发动机一旦起动运行，各零、组件在极端热环境下工作，由热胀冷缩产生的间隙差异性变化也会导致振动性能差异。航空发动机整机振动超标往往是冷、热态因素交织在一起的结果。

（2）整机振动数字孪生模型的建立。如图4-16所示，依据4台发动机试验数据，建立各自对应的振动数字孪生模型。保证高精度的数字孪生模型，可以代替整机振动开展数字化试验。

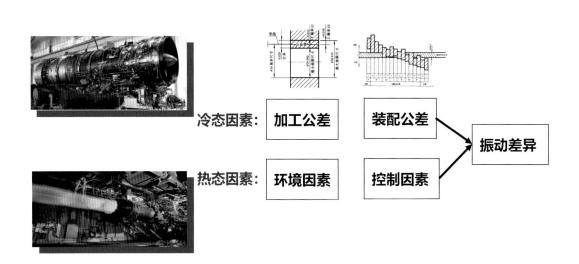

图4-15　整机振动冷、热态因素分析

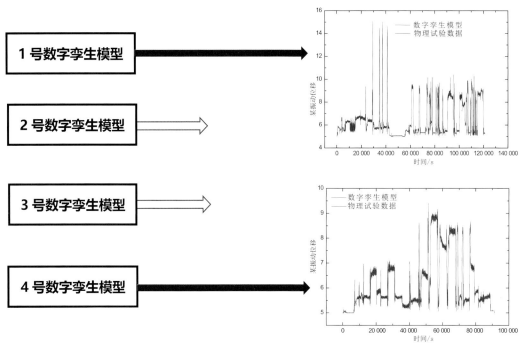

图4-16　整机振动数字孪生模型的建立（4台）

（3）整机振动数字化试验。如图4-17所示，将相同的环境参数、控制参数同时输入4台发动机数字孪生模型开展数字化试验。4台发动机在相同的环境、控制下进行数字化试验，热运行条件完全一样，表现出的振动差异也就只能归结为冷态因素了。该步骤作为关键之处，在于其可区分冷态因素和热态因素。

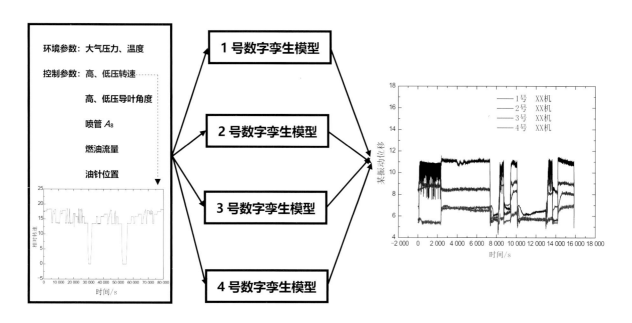

图4-17　整机振动数字化试验（热运行条件一致）

（4）整机振动排故。如图4-17所示，4台发动机在相同热运行条件下表现出振动差异，1、3较差，2、4较好。如图4-18所示，我们在装配参数中寻找符合如下3条规则的装配参数：①在该参数下1和3靠近；②2和4靠近；③1、3和2、4有明显差异。该类参数即为影响振动超标的关键装配参数，在工程中也得到了多次验证。

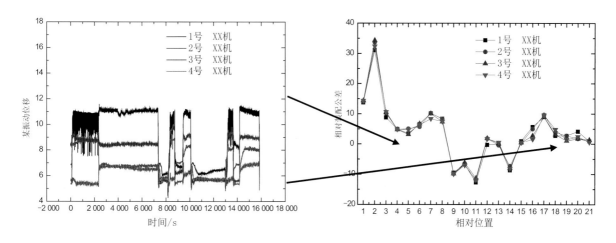

图4-18　整机振动数字化排故示意图

4.8 本章小结

　　本章对航空发动机各种振动数字化试验方法及其结果进行了全面的介绍。首先，数字化振动试验的基础是振动数字孪生模型，本章节将振动数字孪生与性能数字孪生的差异与难点做了比较分析，并基于性能数字孪生模型的普遍结构发展了振动数字孪生模型的结构，并对模型的精度进行了校验，结果表明，振动数字孪生模型的精度对于开展相关振动数字化试验具备充足的可行性。此外，本章节还介绍了两种基于装配的振动数字孪生模型，并对其中装配与运行参数的融合进行了详细的描述。最后，本章节对几种振动数字化试验的工程应用细节进行了展开说明，具体包括考虑起动状态和试车状态迁移的振动数字化试车试验，以及数字化振动评级分类和排故试验。通过本章节，读者可全面了解各类振动数字化试验方法，从而完善对整个航空发动机数字化试验体系的了解。

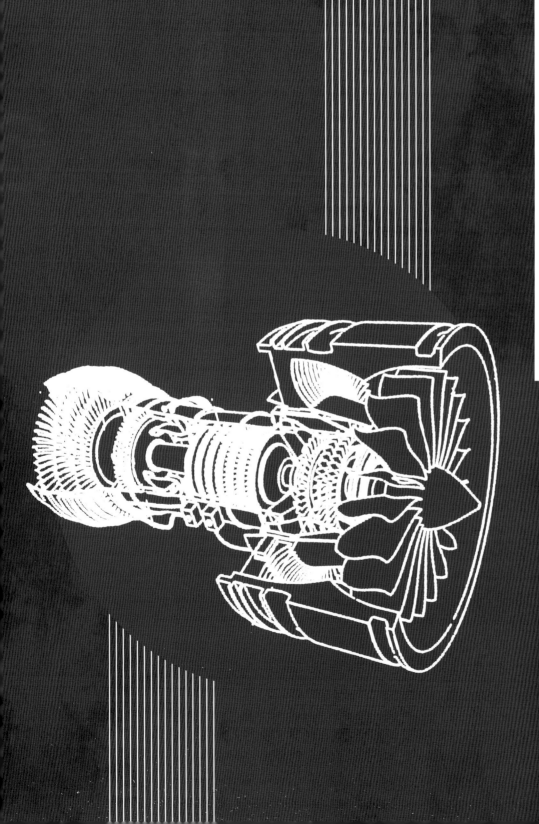

时空解耦数字孪生模型

5.1 模型背景与意义

前述章节我们介绍了部件数字化试验、整机数字化试验和整机振动数字化试验，上述过程均用到了数字孪生模型。本章节我们给出一种时空解耦的数字孪生模型的构建方法，其核心理念是将发动机参数影响的时空特性解耦，进而降低数字孪生建模的难度并提高模型精度。

航空发动机整机数字孪生模型，能够将物理空间的真实发动机在虚拟空间中进行数字映射，并通过模拟和分析航空发动机运行状态，帮助工程师优化方案设计、监控运行状态以及进行维护管理。参考文献[10]中介绍的航空发动机整机数字孪生模型构建方法，我们以深度学习和架构驱动方法为基础，介绍本章提出的时空解耦数字孪生模型。

对深度学习方法有些了解的读者知道，深度学习模型需要大量的标签样本进行特征、物理规律的学习，也就是常说的模型训练过程，这里我们提到的标签样本可以理解为系统针对特定输入的真实响应。在航空发动机整机数字孪生建模中，一般采用发动机在运行过程中监测的各传感器数据作为训练模型的学习数据来源。而这类数据是一类随着发动机运行时长不断积累的时间序列数据，其中隐含了空间维度上参数之间的响应关系和时间维度上的动态响应关系。航空发动机整机数字孪生模型不仅模拟发动机的静态特性，还需要考虑发动机在不同飞行阶段和环境条件下的动态响应。因此，航空发动机整机数字孪生模型不仅要挖掘时间序列数据中空间维度的响应关系，如推力和油门杆位置、压气机压比等参数在空间维度上的响应关系，也要识别参数随着时间的动态响应，如油门杆等操作参数随着时间的动态变化、转速等被控参数随着油门杆变化的延迟性、推力等性能参数随着运行时长的动态衰减等。

当然，在现有的一些用于构造航空发动机整机数字孪生模型的深度学习算法中，已经可以做到同时考虑参数在空间维度和时间维度上的特征及参数之间的响应关系，如常用的循环神经网络算法。这类算法不仅可以计算当前时刻下不同参数在空间上的响应关系，同时可以计算历史时刻到当前时刻的过程中参数随时间的变化规律。但是我们认为，由于这类算法是直接将空间维度和时间维度在一个循环神经网络单元中耦合（对具体算法过程感兴趣的读者可以查阅循环神经网络算法相关文献，由于具体算法的推导过程较为烦琐，这里便不展开介绍），所以在工程应用中我们发现会存在以下问题：

（1）在数字空间中，时间维度和空间维度上的特征在物理意义上完全不同，如图5-1所示。空间维度上的特征可以通过发动机各部件之间的共同工作方程来约束，而时间维度上的特征是完全动态随机的，例如在发动机的两次加速过程中，操作人员推油门杆的速率不完全相同，也会对发动机性能响应造成影响。

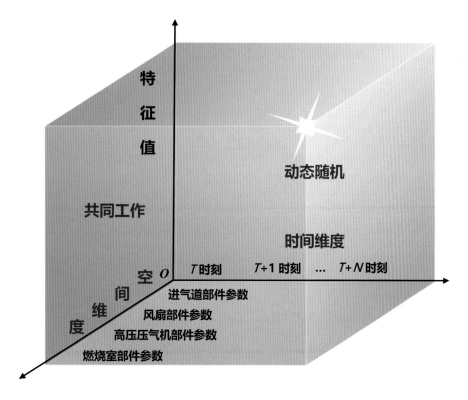

图5-1 时间维度和空间维度特征物理意义不同

（2）时间维度的输入和空间维度的输入在物理意义上完全不同。时间维度的输入如转速梯度，空间维度的输入如实际物理转速，这两个量的物理意义完全不同。

（3）让不同物理意义的特征在同一个循环神经网络单元中进行耦合，在实际工程应用中模型可解释性较差。此外，会导致一些影响较小的时间特征弱约束反而超越了空间特征强约束的作用，模型的鲁棒性较差。

因此，我们认为，时间维度的输入及其在数字空间中表现的特征，和空间维度的输入及其在数字空间中表现的特征，两者不能混为一谈，在航空发动机数字孪生建模过程中，在一个循环神经网络单元中直接耦合空间维度和时间维度是不可取的。有必要在航空发动机数字孪生模型建模中，对空间维度和时间维度分别计算，构建航空发动机整机数字化试验用时空解耦数字孪生模型，将发动机各个工作部件的空间特征和时间特征分开处理，从而避免物理意义不同的特征量直接融合，实现空间特征和时间特征的解耦，如图5-2所示，使模型的泛化能力及整体的鲁棒性更强，提高模型的精度，从而更好地满足工程要求。

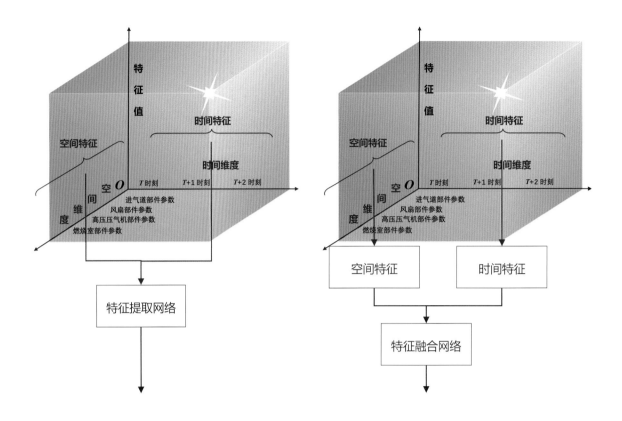

图5-2 空间特征和时间特征分别处理

5.2 模型构建流程

上面我们介绍了时空解耦的建模思路及其意义，下面我们针对航空发动机部件时空解耦网络模块、航空发动机整机时空解耦数字孪生模型和时空解耦数字孪生模型数据处理方法分别展开介绍。

5.2.1 航空发动机部件时空解耦网络模块

航空发动机部件时空解耦网络模块由三部分组成，如图5-3所示，分别为挖掘部件时序特征的网络模块N_1、处理部件空间特征的部件规律网络模块N_2，以及将空间特征和时间特征融合的时空融合网络模块N_3。

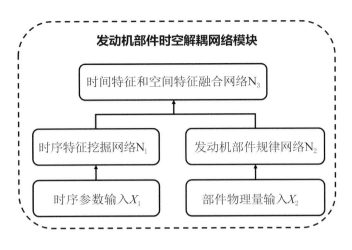

图5-3 发动机部件时空解耦网络模块架构

其中：网络模块N_1由于要处理时序特征，所以我们推荐选用循环神经网络或者卷积神经网络构建模型；网络模块N_2由于仅处理部件空间特征，所以模型算法可以任意选用，包括循环神经网络、卷积神经网络、多层感知器网络等；网络模块N_3为特征融合网络，负责将N_1输出的时间特征和N_2输出的空间特征进行融合，我们推荐选用卷积神经网络和多层感知器网络。此外，该网络模块还包括两个输入端和一个输出端，分别为网络模块N_1的时序输入X_1、网络模块N_2的空间输入X_2，以及作为整个网络模块输出端的N_3。

基于上述建立的航空发动机部件时空解耦网络模块，并根据物理空间中发动机各主要工作部件及其在发动机中的物理架构，能够设计得到主要工作部件的独立时空解耦网络模块，这些模块包括进气道时空解耦网络模块、风扇时空解耦网络模块、高压压气机时空解耦网络模块、燃烧室时空解耦网络模块、高压涡轮时空解耦网络模块、低压涡轮时空解耦网络模块、混合室时空解耦网络模块、加力燃烧室时空解耦网络模块、尾喷管时空解耦网络模块、滑油系统时空解耦网络模块、控制系统时空解耦网络模块。以高压压气机时空解耦网络模块为例，网络模块设计如图5-4所示。

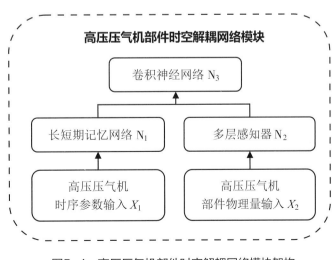

图5-4 高压压气机部件时空解耦网络模块架构

5.2.2　航空发动机整机时空解耦数字孪生模型

航空发动机整机时空解耦数字孪生模型基于上述各部件/系统的独立时空解耦网络模块构建，参考文献[10]中的架构驱动方法，根据物理空间中各部件工作关系和连接关系确定各独立网络模块之间的数据传递，从而将前序部件网络模块中的N_3输出端与后序部件网络模块中的N_2输入端连接。例如，在物理空间中进气道出口气流进入风扇，因此在数字空间中进气道时空解耦网络模块N_3的输出端，连接风扇时空解耦网络模块的N_2，作为N_2空间输入X_2的一部分。航空发动机整机时空解耦数字孪生模型如图5-5所示。

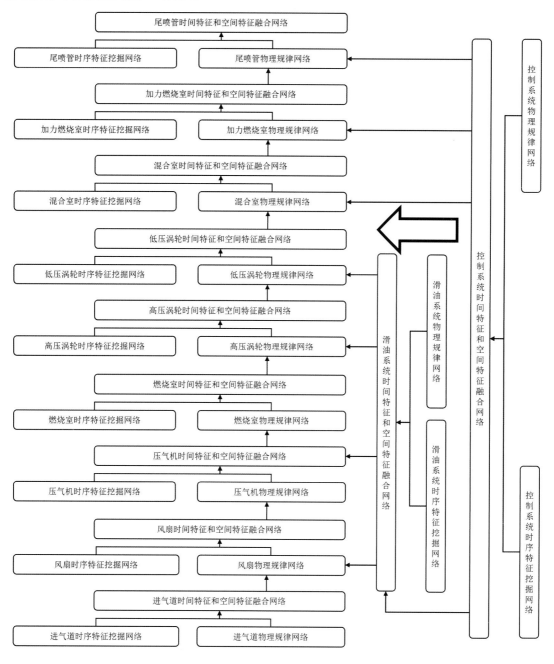

图5-5　航空发动机整机时空解耦数字孪生模型

5.2.3 航空发动机时空解耦数字孪生模型数据处理方法

航空发动机数字化试验用数字孪生模型以航空发动机实际运行时序数据作为训练数据集，包括环境参数、控制参数、性能参数。其中部件时空解耦网络模块筛选实际运行数据中部件相关参数作为该模块的选用数据，所有部件时空解耦网络模块的部件相关参数组合形成整机时空解耦数字孪生模型的选用数据。

以双转子涡扇发动机为例，常见的相关参数包括环境压力、环境温度、进口总温、风扇进口导向器角度、高压压气机进口导向器角度、低压转子转速、高压转子转速、油门杆角度、滑油压力、喷管喉部直径、低压涡轮后温度、推力等。上述参数按照部件属性，如图5-6所示，将划分为各个部件相关特征参数，作为各部件/系统时空解耦网络模块选用数据。例如，采集的进口温度，设置为进气道模块的特征参数，采集的风扇进口导叶角度，设置为风扇模块的特征参数。

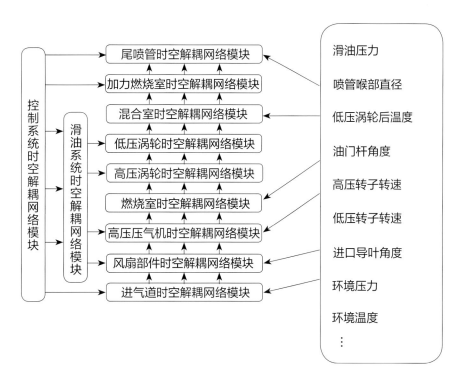

图5-6　航空发动机相关参数部件划分

基于前述部件时空解耦网络模块内容，各模块参数输入分为时序输入X_1和空间输入X_2两部分。因此，如图5-7所示，对于上述划分的各部件模块特征参数，根据运行时间顺序，将当前时刻的运行参数data（t）设置为每个部件模块中N_2的空间输入X_2的一部分，将历史k个时间点的运行数据data（（$t-k$）→（$t-1$））以及参数梯度等时序参数设置为每个部件模块中N_1的时序输入X_1。

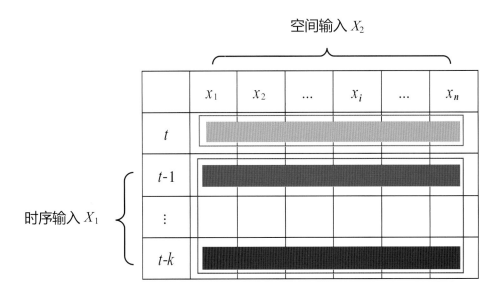

图5-7 空间输入与时序输入参数划分

　　至此，各部件时空解耦网络模块及整机时空数字解耦数字孪生模型的数据处理工作全部完成，利用上述处理方式得到的数据集对数字孪生模型进行迭代训练，从而优化模型参数直至模型收敛或者达到指定的迭代步数，最终得到航空发动机整机数字化试验用时空解耦数字孪生模型。

5.3 本章小结

　　本章对航空发动机数字化试验用时空解耦数字孪生模型的背景、意义、原理以及构建实例进行了介绍。针对常见的航空发动机数字孪生模型构建方法的三点缺陷，提出了时空解耦的模型构建思路，建立了航空发动机部件时空解耦网络模块和航空发动机整机数字化试验用时空解耦数字孪生模型。介绍了时空解耦数字孪生模型数据处理方法，涵盖了航空发动机时间解耦数字孪生模型的核心技术。

附　录

附录1　数字化试车平台

在前面的章节中提到，航空发动机数字孪生模型可应用于航空发动机修前数字化试车，通过修理前的数字化试车，可以和修理后的发动机物理试车进行对比，评价修理发动机的维修效果。在上述理论与应用的基础上，下面对航空发动机数字化试车系统展开介绍，系统主页面如图F-1所示。

图F-1　航空发动机数字化试车系统

整个系统主要包含5个部分：数据导入、数据可视化、数字孪生模型训练、维修评价、状态判据设置。

图F-2为数据导入页面，需要导入三类数据，分别是：①此次维修前的上一次维修后出厂试车数据，或者新发动机出厂试车数据，用于训练物理规律不衰减的数字孪生模型，实现推力的实时预测；②维修前最后若干架次的机载数据，用于训练可以反映发动机维修前T_6性能状态的数字孪生模型；③维修后的地面试车数据，用于规定发动机数字化试车的环境条件、控制条件。

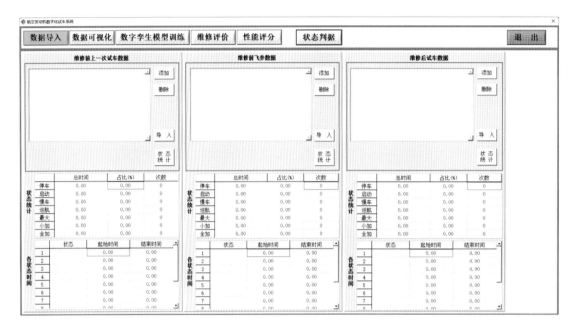

图F-2　数据导入页面

在完成以上三类数据的导入后，可以统计数据中发动机所处的各个状态以及各状态的时间占比。

图F-3和图F-4为数据可视化页面，通过选择前述导入的三类数据中的相关参数，可以在页面中显示相应的曲线，并实现选定参数的导出。

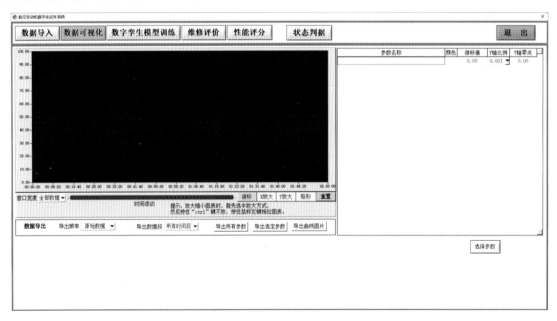

图F-3　数据可视化页面

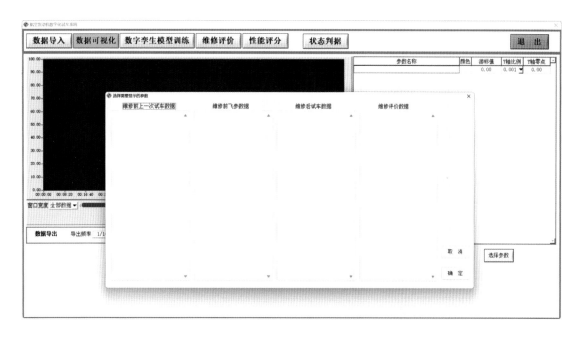

图F-4　选择数据可视化参数页面

图F-5为数字孪生模型的训练页面，包含两类数字孪生模型的训练：①基于导入的此次维修前的上一次维修后出厂试车数据，或者新发出厂试车数据，训练修前数字试车模型A；②基于维修前最后若干架次的机载数据，训练飞参模型B。两类模型的输入、输出参数在系统中都有说明，同时模型的参数以及训练参数也可以实现人工设置。

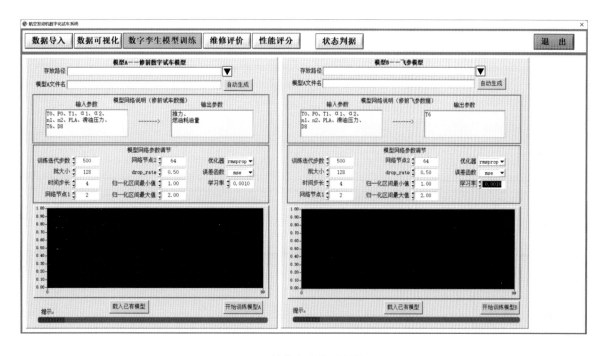

图F-5　数字孪生模型训练页面

图F-6为发动机数字化试车并进行维修效果评价的页面。通过数字化试车，可以得到在和修后发动机地面试车相同的环境条件、控制条件下产生的修前推力和修前T_6。通过对比修前推力和修后推力、修前T_6和修后T_6，可以计算各个状态下发动机的推力恢复值、T_6恢复值。通过设定发动机维修效果的评级标准，对发动机维修效果进行评价。

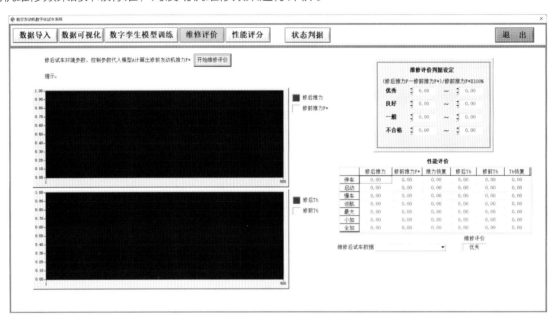

图F-6　数字化试车以及维修评价页面

图F-7为发动机各状态判据的设置页面，设定发动机各状态的油门杆变化区间。

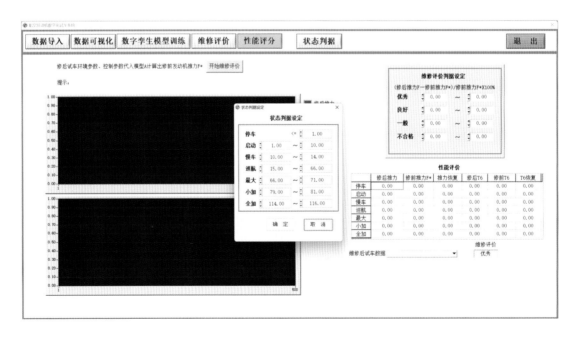

图F-7　状态判据设置页面

附录2　航空发动机外场数字化综合评价系统

全面、科学、客观地评价每台在役发动机的运行状态，可以让机组人员全面掌握所有发动机的性能、安全、健康状态，对机组飞行计划、发动机运维、健康管理至关重要。航空发动机外场数字化综合评价系统，是结合航空发动机数字孪生模型和发动机外场运行数据，将数字孪生技术用于发动机综合评价的一项应用实例。下面对该系统展开介绍，出于保密要求，涉及较为敏感的一些数据或者关键字的页面，不做展示。

整个系统包含五大部分：①系统首页，这里展示外场所有发动机的情况统计；②数据导入，这里实现机载数据自动导入、人工记录数据导入以及数据回放；③纵向评价，即跟踪单台发动机在设定的时间范围内，各个监控指标的趋势变化，例如最大状态推力随着运行架次的变化；④横向评价，指的是对比多台发动机在指定的时间范围内，各个监控指标的优劣，为发动机排序、优中选优提供参考；⑤系统设置，这部分包括机队飞机和发动机的安装匹配设置、评价指标的标准设置以及用户管理设置。

1.系统首页

图F-8为用户登录页面。

航空发动机外场数字化综合评价系统(V1.0)

用户登录

图F-8　用户登录页面

图F-9为系统首页，显示当前时刻外场所有发动机的在役情况汇总，包括服役状态、健康状态以及根据评级标准计算的各发动机分级情况。

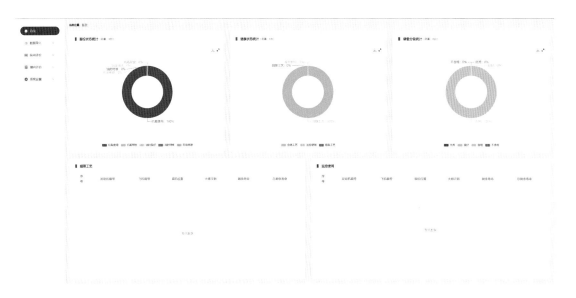

图F-9 系统首页

2.数据导入

数据导入包含导入机载监测数据，如图F-10所示。同时，也可以导入地勤人员手动记录的一些数据，如图F-11和图F-12所示。

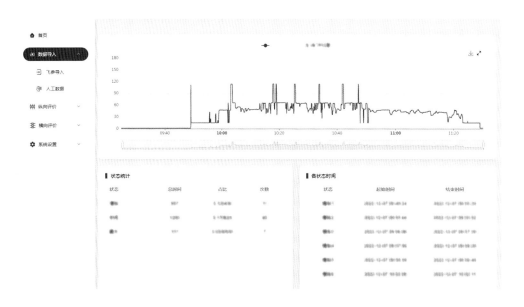

图F-10 飞参数据导入

机载监测数据自动导入数据库中，并自动统计每架次数据中，发动机处于各个状态的时间、占比和次数。

图F-11　人工数据导入

图 F-12　人工建立发动机基本信息卡

3.纵向评价

发动机在使用过程中，随着运行时间增长会出现性能衰退，一些重要的监控指标，如振动值、耗油率、推力等相关监测参数会随着运行架次增加出现动态变化，实时掌握这些监控参数随着时间的变化情况，对故障筛查、故障预警、健康管理等至关重要。系统的纵向评价部分便是跟踪发动机使用过程中，起动性能、加减速性能、推力性能、故障排除、油液监控、振动、滑油等随着运行时长的变化趋势，其中，由于机载推力不可测，所以推力性能的监控是通过推力数字孪生模型来实现的。图F-13为纵向评价的情况汇总页面，图F-14~图F-16为各个监控指标的纵向评价子页面。

序号	飞参名称	起动性能	加速性	减速性	推力性能	故障排除	油液监控	振动参数	滑油消耗	其它参数	评分
1		90.0735	92.5	80	83.9337	90	60	89.435	80	78.1325	81.1792
2		89.2072	80	80	80.7869	90	60	89.7023	80	78.1267	80.2525
3		83.9817	80	80	85.737	90	60	91.0587	80	67.1538	79.2774
4	_	87.8346	80	80	81.7113	90	60	90.4463	80	66.2392	78.6286

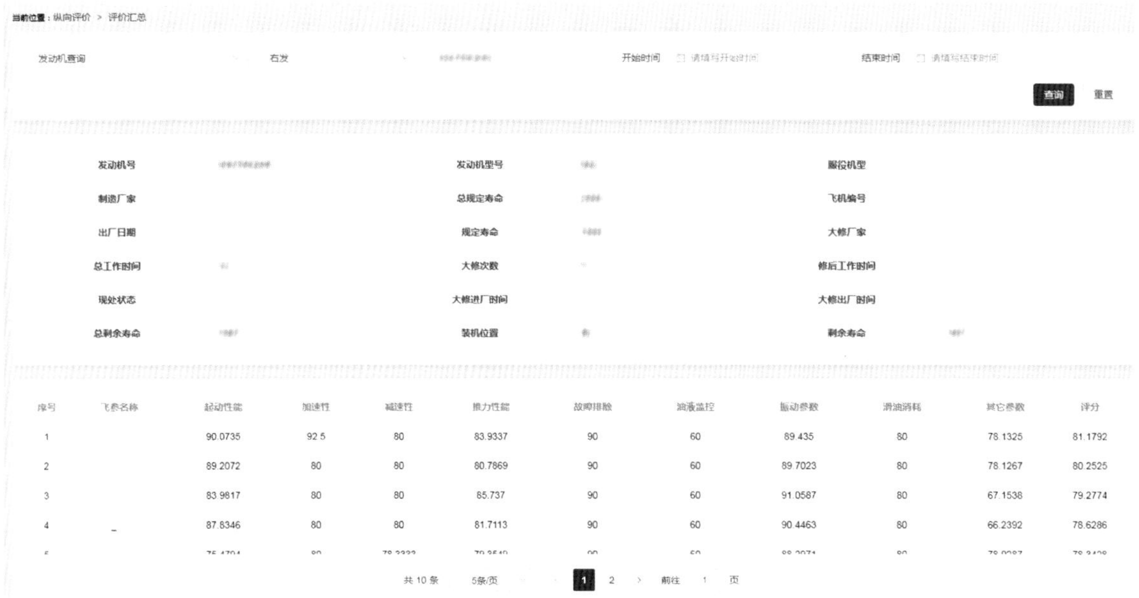

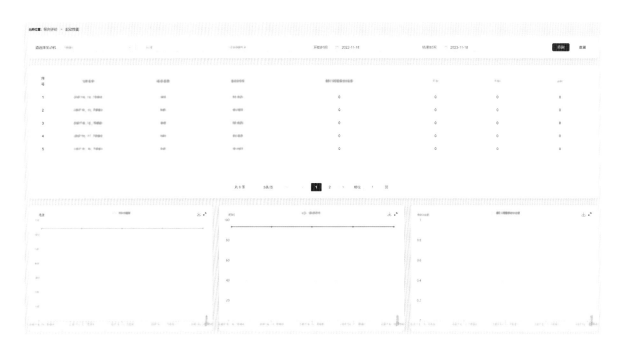

图F-13　纵向评价汇总

图F-14　发动机起动性能纵向评价

图F-15 基于数字孪生模型的发动机推力性能纵向评价

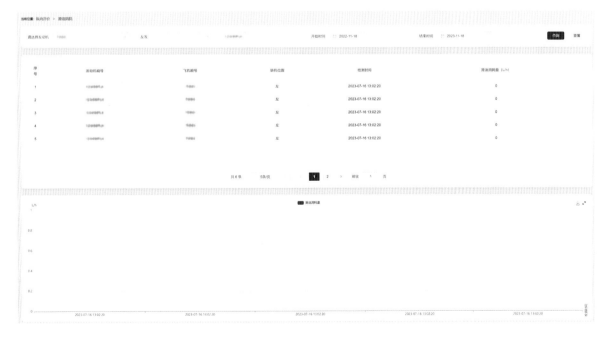

图F-16 滑油消耗情况

4.横向评价

上述纵向评价部分的功能，解决了针对单台发动机的全面性能跟踪的问题，而在外场发动机管理中，除了关心单台发动机的历史性能状况变化以外，也关注当前时刻现有所有发动机的优劣等级，即给所有的发动机按照综合评价指标或者关心的某个或某几个指标排个序，为外场执行特定任务挑选合适发动机做参考。系统的横向评价部分便是对比不同发动机在使用过程中，各任务阶段性能差异，并给出具体评价。同理，由于机载推力不可测，推力性能的对比是通过推力数字孪生模型来实现的。

5.系统设置

最后一部分是系统设置相关的功能，系统设置部分包括：①设置机队的在役飞机和发动机之间的匹配关系，即设定当前时刻每架飞机上搭载的发动机的编号；②监控指标的判据设定，即设定相应监控指标的相关判断标准以及评价的评分评级标准；③用户管理。

图F-17为各类监控指标的判据设置页面，包括状态判据、振动判据、滑油判据、转子行程容易性判据、转差判据、起动性能判据、加减速性判据、气路性能判据、转速稳定性判据、导叶角度判据、加力接通时间判据。

图F-17　各类监控指标的判据设置页面

图F-18为用户管理设置页面，可以为整个系统设置相应的用户、密码、联系方式、权限等。

图F-18　用户管理设置页面

参考文献

[1] 刘大响. 航空发动机试验过程详解 [EB/OL]. [2023-08-30].https://www.fangzhenxiu.com/post/7559653/.

[2] ESI Group. DGA aero-engine testing is developing a digital alternative to traditional test benches with ESI's SimulationX [EB/OL]. [2022-09-07]. https://www.esi-group.com/news/dga-aero-engine-testing-is-developing-a-digital-alternative-to-traditional-test-benches-with-esis-simulationx.

[3] KENT. WESTT CS/BV virtual engine test bench [EB/OL]. [2023-08-30].https://www.kent.edu/cae/virtual-engine-test-bench.

[4] SAMPSON B. Rolls-Royce and ansys reduce simulation time for aero-engine development [EB/OL]. [2023-10-07]. https://www.aerospacetestinginternational.com/news/engine-testing/rolls-royce-and-ansys-reduce-simulation-time-for-aero-engine-development.html.

[5] 中国航空发动机研究院. 从《长空之王》看航空发动机试飞 [EB/OL]. [2023-08-31].https://www.sastind.gov.cn/n6909/n6985/c10012159/content.html.

[6] 侯敏杰,刘志友,彭生红.航空发动机高空模拟试验技术探讨 [EB/OL]. [2023-09-02].https://www.cannews.com.cn/2013/0731/37238.shtml.

[7] 吴锋, 冯旭栋，徐倩楠，等. 高空台虚拟试验的现实意义及应用前景 [EB/OL]. [2023-09-02].https://www.aerospacepower.cn/article/1704.

[8] Airbus. 'Digital testbed' could replace physical testing in aircraft manufacturing [EB/OL]. [2022-01-05].https://www.imeche.org/news/news-article/digital-testbed-could-replace-physical-testing-in-aircraft-manufacturing.

[9] Rolls-Royce. How digital twin technology can enhance aviation [EB/OL]. [2022-01-05].https://www.rolls-royce.com/media/our-stories/discover/2019/how-digital-twin-technology-can-enhance-aviation.aspx.

[10] 肖洪，史经纬，王栋欢，等. 图解航空发动机数字孪生 [M]. 西安：西北工业大学出版社，2023.

[11] 肖洪，林志富，王栋欢，等.智能航空发动机：基础理论与关键技术［M］.北京：科学出版社，2023.

[12] 霍武军, 孙护国. 海航发动机压气机叶片腐蚀与防护措施[J]. 航空工程与维修, 2002(6):3.

[13] 贤集网.国内首套腐蚀敏感性试验系统研制成功，填补了国内腐蚀敏感性试验领域的空白 [EB/OL]. [2022-01-05].https://www.lab216.com/news/show-5459.html.

[14] 王国辉. 海洋环境下盐雾腐蚀对压气机性能的影响研究[D].哈尔滨：哈尔滨工程大学,2015.

[15] MONGA V, LI Y, ELDAR Y C. Algorithm unrolling: interpretable, efficient deep learning for signal and image processing[J]. IEEE Signal Processing Magazine, 2021, 38(2): 18-44.

[16] SONG P, VERINAZ-JADAN H, HOWE C L, et al. Light-field microscopy for the optical imaging of neuronal activity: when model-based methods meet data-driven approaches[J]. IEEE Signal Processing Magazine, 2022, 39(2): 58-72.

后记

　　航空发动机数智化科普系列丛书第一册《图解航空发动机数字孪生》出版后，笔者接到众多同行的反馈，有建议也有批评，更多的是鼓励。这促使笔者反思第一册技术思路和叙事方式的同时，也鞭策了本册《图解航空发动机数字试验》的写作和出版。

　　本册内容试图回答众多同行的疑问，数字孪生在航空发动机领域究竟能做什么？笔者个人理解其直接的应用应该是数字化试验。谈及数字化试验，其是近年来很热门的话题，也是航空发动机领域数字化转型追求的重要目标之一。对于数字化试验的理解，可能大多数人直接的想法和疑问就是：它究竟是不是原来的数值仿真或建模？这也是本册需要澄清的内容所在：数字化试验不是数字仿真也不是传统建模，而是一种充分利用智能化方法开辟的第三条高保真模拟物理试验的技术路径。

　　虽然数字化试验具备如此的吸引力，但笔者个人认为，人们仍需要保持清醒的头脑。数字化试验不能完全代替物理试验，尤其是在航空发动机这类复杂的热力机械领域。尽管如此，然而短期内的预期成果已足以说明数字化试验是物理试验的有力补充，它能够代替部分物理试验，并大幅度拓展试验工况。即便如此，数字化试验带来的效益和能量也是巨大的，也是值得人们去深入探究的。

　　上述预言会不会实现，只能等待时间去检验。

　　以此为后记，纪念本书的出版。

著者

2023年10月